新工科建设之路·计算机类系列教材

软件设计模式基础及应用

王竹荣　黑新宏　主编

電子工業出版社
Publishing House of Electronics Industry
北京·BEIJING

内容简介

本书主要分为三部分：第一部分为设计模式基础篇，主要包括面向对象基本知识、UML 基本知识及设计模式的概念；第二部分为设计模式篇，主要讲解三大类中的若干设计模式及其应用，通对一些基本设计模式、基本原理的讲解及实例应用，使学生能理解设计模式背后的基本原则和动机；第三部分为设计模式提高篇，主要讲解在复杂场景下设计模式的应用，从而在对软件设计中高层次设计模式的组合应用和复杂场景需求变化时，采用设计模式的解决方案及应用效果。为更好地服务当前人工智能需求和发展目标，针对每个设计模式，均给出其 Python 语言程序参考，每章中均有一定的习题，帮助学生巩固重点知识。

本书既可作为高等学校计算机相关专业本科生和研究生设计模式的教材，也可作为软件从业人员的参考用书。

图书在版编目（CIP）数据

软件设计模式基础及应用 / 王竹荣，黑新宏主编. — 北京 ：电子工业出版社，2021. 10

ISBN 978 - 7 - 121 - 42161 - 7

Ⅰ. ①软… Ⅱ. ①王… ②黑… Ⅲ. ①软件设计 - 高等学校 - 教材 Ⅳ. ①TP311. 5

中国版本图书馆 CIP 数据核字（2021）第 204444 号

责任编辑：孟　宇

印　　刷：天津千鹤文化传播有限公司

装　　订：天津千鹤文化传播有限公司

出版发行：电子工业出版社

北京市海淀区万寿路 173 信箱　　邮编：100036

开　　本：787 × 1092　1/16　　印张：14. 5　　字数：371 千字

版　　次：2021 年 10 月第 1 版

印　　次：2021 年 10 月第 1 次印刷

定　　价：52. 00 元

凡所购买电子工业出版社图书有缺损问题，请向购买书店调换。若书店售缺，请与本社发行部联系，联系及邮购电话：(010)88254888，88258888。

质量投诉请发邮件至 zlts@ phei.com.cn，盗版侵权举报请发邮件至 dbqq@ phei.com.cn。

本书咨询联系方式：mengyu@ phei.com.cn。

前　言

在面向对象程序设计中，通过对父类的继承，可以实现软件复用。然而，多层次的继承也给我们带来不少困惑。举个例子，老师在上课的时候给学生提这样一个问题——请学生说出父母的名字。毫无疑问，每名学生都能轻松地回答上来。那么请学生继续说出祖父、祖母（或者外祖父、外祖母）的名字，这时只有一部分学生能回答上来。如果再这样问下去，估计就没多少学生能回答上来了。在面向对象软件设计中也是类似道理，虽然继承是面向对象的一大特征，但继承层次越多，派生类和祖先类之间的关系就会越疏远。而且类的继承层次太多导致巨型类层次结构更为复杂，对它的维护也更加困难。设计基于面向对象可复用的软件一直是软件开发人员的目标，但是基于面向对象开发可复用且易于理解的软件更是难上加难。设计模式是解决上述问题的关键技术方法。

设计模式的概念来源于建筑领域。模式之父（Christopher Alexander）根据建筑学的经验首先提出模式的概念，他将模式定义为“某一特定场景问题的解决方法”。在此基础上，“四人组”（Erich Gamma、Richard Helm、Ralph Johnson 和 John Vlissides，GoF）提取了软件设计中常用的 23 种设计模式，并将这些模式收录在《设计模式：可复用面向对象软件的基础》（以下简称《设计模式》）一书中。这 23 种设计模式可分为三大类，即创建型设计模式、结构型设计模式和行为型设计模式。《设计模式》一书对面向对象设计的策略提出了一些建议，主要有以下三条。

(1) 找到变化并将其封装（抽象类或接口）

(2) 优先使用聚合而不是继承

(3) 按接口进行编程

上述三条建议体现了软件设计时应用设计模式的核心思想。

本书通过对这 23 种设计模式进行精心挑选，选择其中十余种设计模式进行讲解。对于每种设计模式，重点讲述其应用场景、解决方案及效果等。

本书共 6 章，可分为以下三部分。

第一部分为设计模式基础篇，主要讲解面向对象基本知识、UML 基本知识及设计模式的概念。

第二部分为设计模式篇，主要讲解三大类中的若干设计模式及其应用。这些设计模式包括创建型模式、结构型模式、行为型模式等，以及专家设计经验用模式组合方法来解决问题。

第三部分为设计模式提高篇，主要讲解一些较为复杂的设计模式，并通过设计模式的应用达到对软件设计高层次的复用和为复杂场景需求变化提供解决方案的目的。

本书具有以下特点。

(1) 实例驱动

对讲解的每种设计模式，给出一个相关的实例，结合 UML 类图和交互图，侧重讲述设计模式的应用场景和解决方案。通过实例分析，使学生能够掌握每种设计模式的基本原理和应用。

(2) 提供完整解决方案的源程序代码和习题

通过程序代码与习题使学生能更好地理解每种设计模式的应用和解决方案，达到抛砖引玉的效果。

本书由西安理工大学计算机学院王竹荣副教授和黑新宏教授任主编，王战敏老师参与了本书第一部分的编写，并校核了本书所有章节内容。硕士研究生朱敏、赵瑞琴、徐凌风、王琭琛、周静、韩聪和牛亚邦参与书中部分章节的编写，硕士研究生朱敏参与书中程序的整理、调试和编排。本书是编者十多年从事软件工程专业软件设计模式课程教学经验的凝结。在编写中参照与引用了国内外一些教材和网络资源的相关内容，在此表示诚挚的感谢。本书在编写中也得到西安理工大学计算机学院领导的支持，在此一并予以感谢。最后特别感谢电子工业出版社孟宇编辑为本书出版所付出的努力。

最后，引用屈原在《离骚》中的一句诗词来表达我们在软件设计探索中的心情，“路漫漫其修远兮，吾将上下而求索”。希望每名学生在学习中不畏艰难，都能拥有美好的明天。

由于时间及编者认识有限，书中难免存在不足和错误，恳请广大读者与专家将意见和建议反馈给我们，以便我们后续改进和完善。

编者

2021 年 9 月于古都西安

目 录

第一部分 设计模式基础篇

第二部分 设计模式篇

第三部分 设计模式提高篇

第一部分　设计模式基础篇

第1章　面向对象基础和 UML 简介

在学习设计模式前，需要掌握一些必备的基础知识，主要包括面向对象基础和 UML 类图，它们能帮助我们更好地理解设计模式。

面向对象设计原则是评价每种设计模式应用效果的重要依据。基本上每种设计模式都符合某一种或多种面向对象的设计原则。通过这些原则，我们可以设计出更加灵活、更容易拓展的软件系统，达到可维护性复用的目标。

统一建模语言（Unified Modeling Language，UML）是一种可视化的标准建模语言。在设计模式中，我们使用它来分析与设计所使用设计模式的类图关系和对象的交互，描述每个设计模式实例，并对部分设计模式进行深入的解析。

1.1　面向对象基础

1.1.1　面向对象的基本概念

面向对象是相对于面向过程来说的，面向过程中的“过程”两字是核心，即解决问题的步骤。面向对象是把构成问题的事物分解成各个对象，建立对象的目的不是完成一个步骤，而是描述某个事物在整个解决问题的步骤中的行为。

假设现在要编写一个动物管理系统来管理各种动物的饮食和叫声。

1.1.2　面向对象解决方案

使用面向对象解决方案来解决上面的动物管理系统问题，首先把问题分解为各种对象，如表 1－1 所示。

表 1－1　对象及其功能

对象	功能
Animal	知道自己是什么类型的动物 知道自己有饮食功能 知道自己有叫声功能
Sound	告诉动物怎么叫
Diet	告诉动物吃什么

怎样理解对象，应该将其看成“具有责任的东西”，对象应该对自己负责，而且应该清楚地定义责任。对象含有说明自己状态的数据，还有实现必要功能的方法。对象的很多方法都将标识为可被其他对象调用。这些方法的集合就称为对象的公开接口（Public Interface）。

在动物管理系统中，可能有很多个动物，如果每个动物都有一个对象对应，那么能够容易并分别地跟踪每个动物的状态。但是，要求每个 Animal 对象都有自己的一组方法，系统会太过冗余，尤其是在对所有动物而言功能都一样时。

让所有动物与一组方法联系起来，每个动物都可以根据自己的需求使用或修改这些方法。希望定义一个“抽象动物”来包含这些公共方法的定义。“抽象动物”可以有各种各样的特殊动物，每个特殊动物都必须掌握自己的私有信息。

在面向对象中，这种抽象动物被称为类（Class）。类就是对对象行为的定义，它包含以下内容。

- 对象包含的数据元素。
- 对象能够操作的方法。
- 访问这些数据元素和方法的方式。

在获得一个对象时，首先明确需要哪个类的对象，对象是类的实例（Instance），创建类实例的过程称为实例化（Instantiation）。

如果要加入一个新的动物，这个新增的动物具有显示动物体重的方法，那么这时该怎么做。

我们需要一个能包容多种具体类型的抽象类型，在本例中，需要一个包含原来动物对象和新增动物对象的 Animal 类。在面向对象中称这种 Animal 类为抽象类（Abstract Class）。原来动物类和新增动物类为具体类，并且代表两种类型的 Animal 类。这种关系被称为继承，我们可以说原来动物类继承自 Animal 类，也可以说新增动物类派生自 Animal 类，Animal 类为原来动物类和新增动物类的超类。

因为对象都是自己负责自己的，所以有很多东西不需要暴露给其他对象。前面提到的公开接口是可以被其他对象访问的方法的概念。在面向对象系统中，可访问性主要分为以下几种类型。

- 公开（Public）：任何对象都能看见。
- 保护（Protected）：只有这个类及其派生类或友元类的对象能够看见。
- 私有（Private）：只有这个类的对象能够看见。

这就引出了封装的概念。封装经常被简单地描述为“数据隐藏”。一般而言，对象的内部数据成员对外保持透明。但封装不只是数据隐藏，其也意味着各种隐藏。

在上面的例子中，动物管理系统并不知道哪些是原来动物、哪些是新增动物。所以动物的类型对系统隐藏了（也就是封装了动物的类型），抽象类 Animal 将隐藏从其派生类的类型。

在面向对象中，另一个重要的概念是多态（Polymorphism）。我们经常用抽象类型的引用来引用对象，其本质是引用抽象类和派生类的具体实例。

因此，当通过抽象类型引用概念性地要求对象做什么时，将得到不同的行为，具体行为取决于派生对象的具体类型。在上面的例子中，若在抽象类 Animal 中派生了 Cat 类和 Dog 类，当 Animal 对象引用 Cat 具体实例时，将得到 Cat 的饮食和叫声；当 Animal 对象引用 Dog 具体实例时，将得到 Dog 的饮食和叫声。

在上面的叙述中，介绍了面向对象的三大特性：封装、继承、多态，以及面向对象的基础知识。了解面向对象可以帮助我们最大限度地减少系统需求变更所带来的影响。

1.1.3 面向对象设计原则

面向对象设计原则是学习设计模式的基础，本书介绍的设计模式都符合一种或者多种面向对象设计原则。在软件程序开发过程中，合适地使用面向对象设计原则可以降低程序的耦合度，提升程序的内聚，降低系统的维护成本。

(1) 单一职责原则：在《敏捷软件开发：原则、模式和实践》一书中提出，这里的职责是指类变化的原因，单一职责原则规定一个类应该有且仅有一个引起它变化的原因，否则类应该被拆分。

一个类承担的职责越多，其复用和维护难度就越大，这会导致系统非常脆弱。职责之间可以相互影响，因此要将不同职责分离。若多个职责的变化原因相同，则可以封装在同一类中。

实例分析：假设要开发一个基于 Java 语言的 B/S 架构的用户登录系统，需求是当用户在浏览器界面输入用户名和密码时，服务器可以获得用户名和密码并连接数据库进行比对，若用户名和密码均正确，则可成功登录。

在登录功能类图 1－1 中，main( ) 方法是运行主函数；disPlay( ) 方法用来显示浏览器登录界面；getConnection( ) 方法用来连接数据库；findUser( ) 方法根据浏览器登录界面输入的用户名和密码调用；getConnection( ) 方法查询数据库中是否存在该用户，若存在则返回 True，否则返回 False；submit( ) 方法根据 findUser( ) 方法的返回结果进行操作，若使用 findUser( ) 方法则返回 True 并进入主页面，否则进入错误页面。

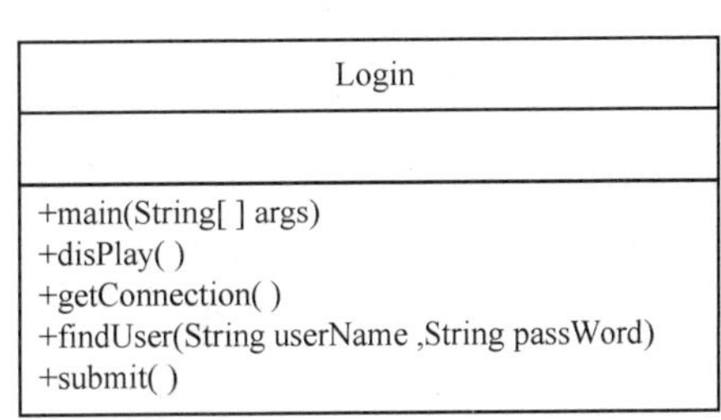

图 1－1　登录功能类图

在图 1－1 中，Login 类承担了多种职责，既包含用户登录界面，又包含数据库连接和操作，甚至还有系统主函数 main( )。这将给程序的维护和复用增加极大的困难。

根据单一职责原则，可以将上面程序进行细化。

- 类 Main 负责系统主入口，在该类中有一个 main( ) 方法。
- 类 Login 负责登录界面显示，包括 disPlay( ) 方法和 submit( ) 方法。
- 类 Service 负责对数据库进行操作，比对用户名和密码，包括 findUser( ) 方法。
- 类 Dao 负责连接数据库，包括 getConnection( ) 方法。

图 1－2 是细化后的登录功能类图。

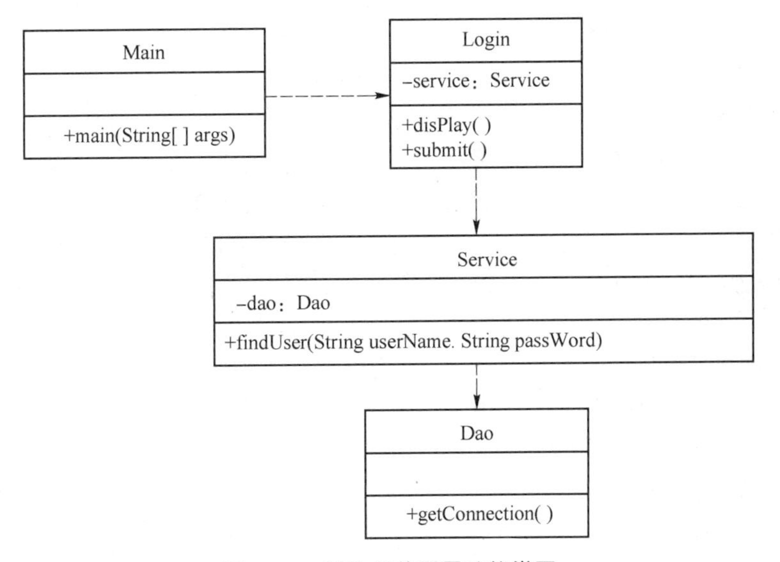

图 1－2　细化后的登录功能类图

通过单一职责原则细化后，系统的类个数虽然增加，但是类的复用变得更加方便，类之间的耦合度降低，修改一个类不会对其他类产生影响，并且系统也更加易于维护。

（2）开闭原则：在《面向对象软件构造》一书中的定义："软件实体应当对扩展开放，对修改关闭"。这句话的大体含义为：当需求发生改变时，应该通过扩展来应对需求变化而非修改已有代码。

需求总是在不断变化的，一个符合开闭原则的软件系统设计框架是非常易于扩展的，因为不需修改已有代码。为了满足开闭原则，可以将系统定义为一个相对稳定的抽象层，不同行为的具体实现在抽象层的具体实现类中实现。面向对象语言都提供了接口、抽象类等机制，可以通过这些机制定义抽象层，然后在其具体实现类中实现。

实例分析：某动物管理系统现在有猫和狗两只动物，并且动物有吃饭这一行为。

图 1－3 是动物管理系统类图。若动物管理系统需要增加一只老虎，需要创建一个老虎类，并且需要在 Animal 类中增加老虎类的实例，这时需要修改源代码，不符合开闭原则。

于是我们可以将系统定义为一个抽象类 Abstract，不同动物的具体实现在抽象类的具体实现类中实现，这需要统一相似功能的方法名称，如 eat 方法。Animal 类使用 Abstract 类的具体实例化对象编程。图 1－4 是重构后的动物园管理系统类图。

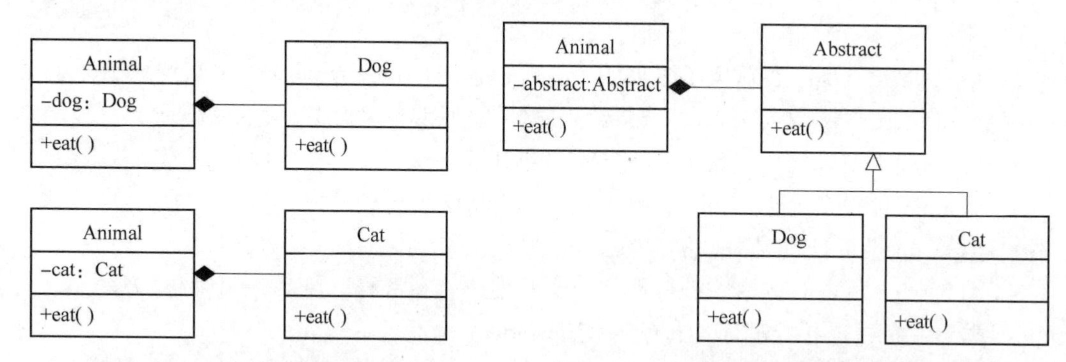

图 1－3　动物管理系统类图　　图 1－4　重构后的动物园管理系统类图

使用开闭原则重构后的系统，Animal 类面向抽象进行编程。当增加老虎时，只需增加一个具体实现类 Tiger 继承抽象类 Abstract，在 Animal 类中增加一个 Tiger 的实例化对象即可，不需要修改源代码。

（3）里氏替换原则：在《数据抽象和层次》一书中提出，"继承必须确保基类的功能在派生类中仍然成立"。通俗讲就是所有引用基类的地方都必须能透明地使用其子类对象。

按照里氏替换原则，若在软件编程中使用基类对象，则能够使用其子类对象。把基类对象都替换为子类对象，程序代码不会发生任何异常，反之则不成立。基于上述特性，在设计程序代码时，尽量使用基类类型定义对象，在运行时确定具体子类类型。

在使用里氏替换原则时，需要注意以下问题。

➢ 子类的所有方法都必须在父类中声明或者子类必须实现父类中声明的所有方法。

➢ 在程序设计时，尽量把父类设计为抽象类和接口，让子类继承抽象类或者实现接口。运行时确定其子类的实例。

实例分析：某画图系统要实现画笔颜色功能，在画笔颜色操作类（ColorOperator）中调用定义的颜色，系统定义了两个不同的颜色 Red 和 Blue，它们实现不同的颜色功能，在画笔颜色操作类（ColorOperator）中可以选择其中一种颜色实现画笔颜色功能。图 1 –5 是画图系统类图。

在 ColorOperator 类的 draw( )方法中，将调用 Red 类或者 Blue 类的 draw( )方法。在 Client 的 main( )方法中可能存在如下代码片段：

```
Red red = new Red();
ColorOperator color = new ColorOperator();
color.setRed(red);
```

在 ColorOperator 类的 draw( )方法中可能存在如下代码片段：

```
return red.draw();
```

如果要增加颜色 Yellow 或者修改颜色，那么就必须修改 Client 和 ColorOperator 中的代码，违背了开闭原则。

上述设计方案的灵活性差的原因在于 Client 和 ColorOperator 都针对具体实现类进行编程，对具体实现类的改动都将修改源代码。按照里氏替换原则，可以将某一具体颜色类设计为基类，将其他颜色类设计为子类。这样可以简化 Client 和 ColorOperator 的代码，在代码中子类可以替换基类。图 1 –6 是重构后的画图系统类图。

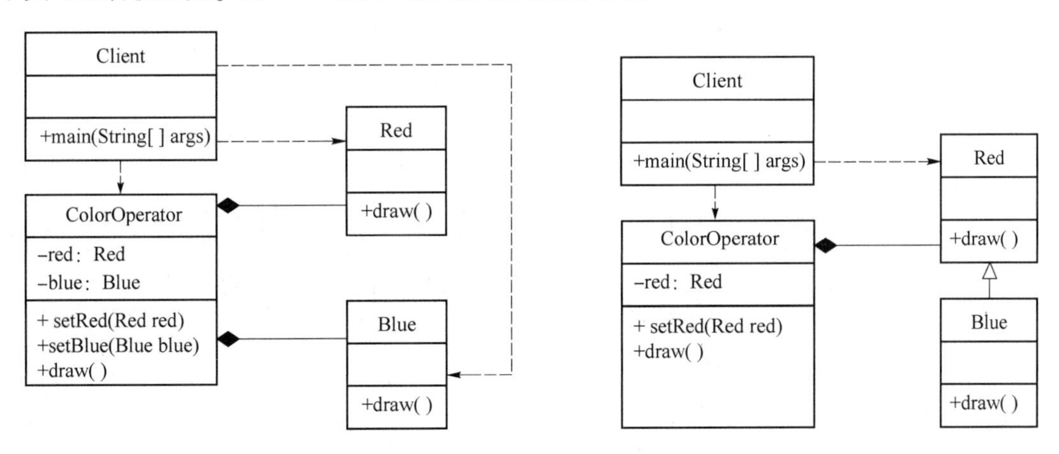

图 1 –5　画图系统类图　　　　图 1 –6　重构后的画图系统类图

（4）依赖倒置原则：高层模块不应该依赖低层模块，两者都应该依赖其抽象；抽象不应该依赖细节，细节应该依赖抽象。

该原则的核心思想是，要面向接口编程，不要面向实现编程。依赖倒置原则是实现开闭原则的重要途径之一，它降低了客户与实现模块之间的耦合度。简单来说，就是代码要依赖抽象的类，不需要依赖具体的类。

实例分析：在动物管理系统中，假设有猫（Cat）、狗（Dog）、鹦鹉（Parrot）、白鹭（Egret），它们都有吃饭这一行为。图 1 –7 是动物管理系统类图。

由于需求变化，若系统增加新的动物，则必须修改 Animal 类的代码，因为 Animal 类直接针对具体类进行编程，这不符合开闭原则。因此可以对这些具体类进行抽象化，让 Animal 类针对抽象类编程。分析猫（Cat）、狗（Dog）、鹦鹉（Parrot）、白鹭（Egret）4 种动物的特征，根据猫和狗不能飞行这一特征将它们分为一类，根据鹦鹉和白鹭可以飞行这一特征将它们分为另一类。图 1-8 是重构后的动物管理系统类图。

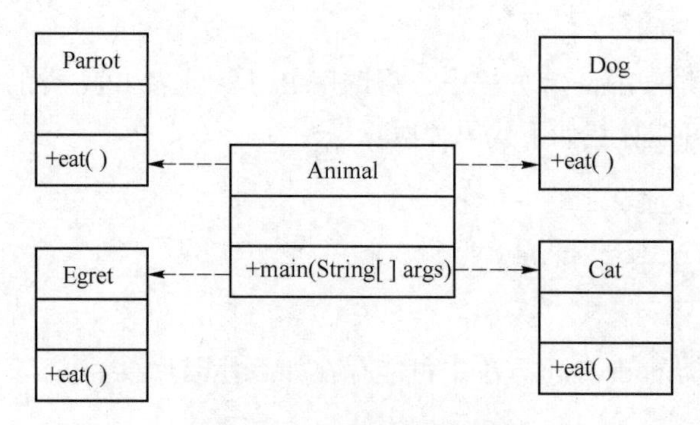

图 1-7 动物管理系统类图

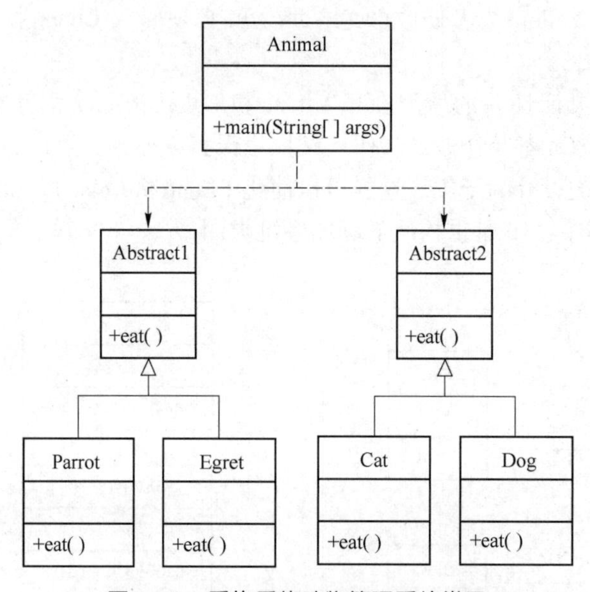

图 1-8 重构后的动物管理系统类图

在图 1-8 中引入两个抽象类 Abstract1 和 Abstract2，Animal 类依赖于这两个抽象类。在这个过程中使用了里氏替换原则，依赖倒置原则必须以里氏替换原则为基础。

（5）接口隔离原则：一个类对另一个类的依赖应该建立在最小接口上，要为各个类建立它们需要的专用接口，而不要试图去建立一个很庞大的接口供所有依赖它的类去调用。

在使用接口隔离原则细化接口时，按照单一职责原则将一组相关操作定义在一个接口中，在满足高内聚的情况下，接口中的方法越少越好。

实例分析：一个系统对应多个客户端，在系统中定义一个接口供所有依赖它的类调用。图 1-9 是多客户端类图。

若 Client1 只需针对 operator1 进行编程，但因为系统定义的是一个庞大的接口，则 Abstract 必须实现类 Concrete 实现的所有方法，在 Client1 中除了可以看到方法 operator1( )，还可以看到方法 operator2( )和方法 operator3( )。这影响了系统的封装性，所以必须使用接口隔离原则进行重构。图 1-10 是接口细化后的多客户端类图。

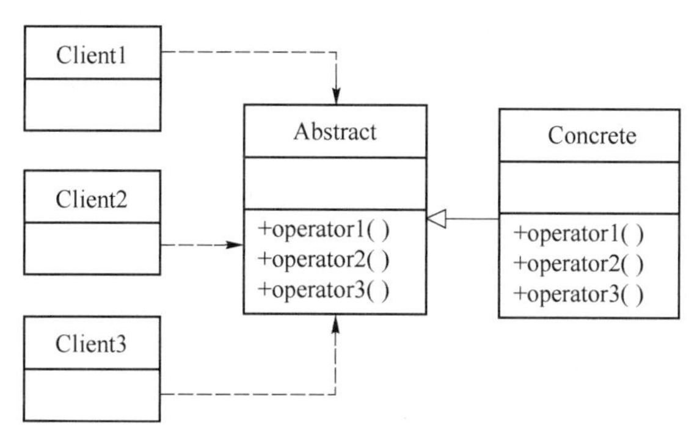

图 1-9 多客户端类图

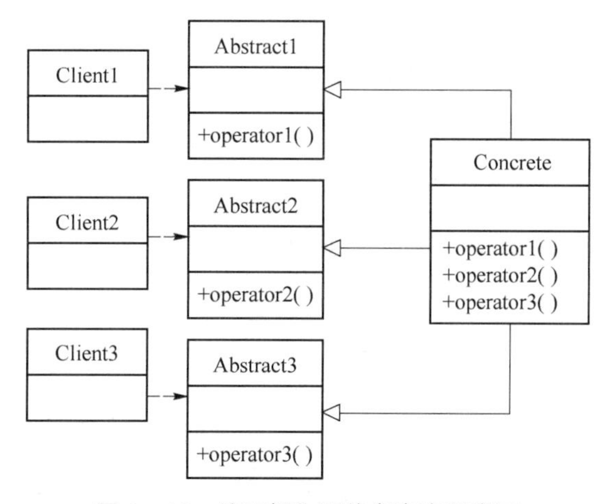

图 1-10 接口细化后的多客户端类图

在图 1-10 中，把接口细化后确保每类用户都有与之对应的接口。在实际使用中，如果一个客户端对应多个方法，那么可以将这几个方法声明在接口中并将其封装起来。Concrete 既可以一次实现三个接口，也可以用三个接口实现类分别实现三个接口，这对客户端没有任何影响，因为客户端针对接口编程，只能访问与自己业务相关的方法，这保证了系统具有良好的封装性。

在使用接口隔离原则时，需要注意接口不能太小也不能太大。接口太小容易导致接口泛滥；接口太大违背接口隔离原则。一般情况下，接口中仅包含某一类用户相关方法即可。

(6) 合成复用原则：在软件复用时优先使用聚合而非继承。

在面向对象设计中，通过继承实现复用非常简单，子类可以覆盖父类方法，易于扩展。但是继承会破坏类的封装性，因为继承会将父类的行为暴露给子类。而且当父类发生变化时，子类也不得不随之发生变化，没有足够的灵活性。

通过组合/聚合实现复用是将一个类的对象（称为成员对象）作为另一个新对象的一部分，这样新对象可以调用成员对象的方法，并且成员对象内部方法对新对象是隐藏的。相对于继承而言，其耦合度更低。合成复用原则在运行时会动态进行，新对象可以动态地引用与成员对象类型相同的其他对象。

实例分析：某电脑生产厂商生产红色的联想（Lenovo）计算机和宏碁（Acer）计算机。图 1-11 是计算机生产类图。

由于在 Lenovo、Acer 等类中都要生产红色计算机，因此要复用 Red( )方法。若原来生产红色计算机，现在要生产白色计算机，则需要修改 Red( )源代码。如果 Lenovo 生产红色计算机，Acer 生产白色计算机，则需要增加一个新的 White 类，并修改 Acer 的源代码，这违背开闭原则。图 1－12 是重构后的计算机生产类图。

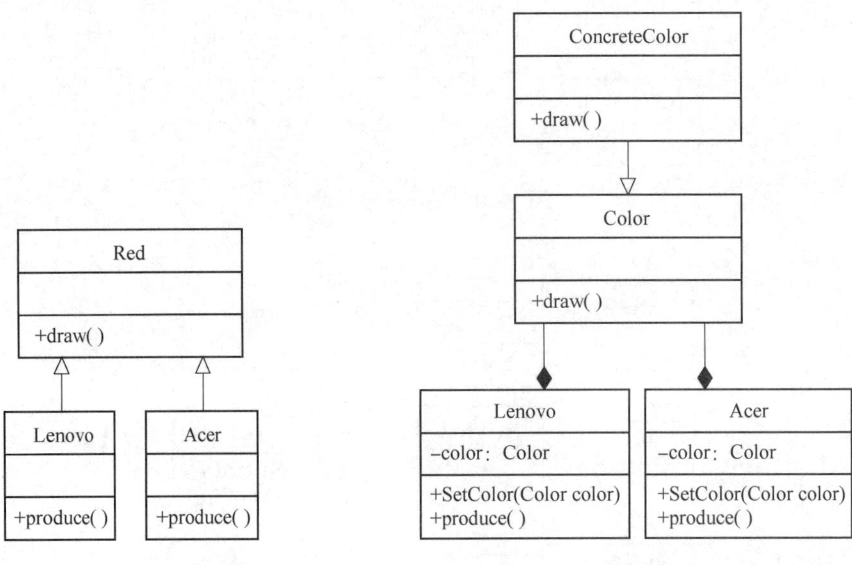

图 1－11　计算机生产类图　　　　图 1－12　重构后的计算机生产类图

在图 1－12 中，Lenovo 类和 Acer 类与 Color 类不再是继承关系，改为聚合关系，并增加 SetColor( )方法给成员变量 color 赋值。若需要修改生产颜色，则需要实现抽象类 Color，如 ConcreteColor，然后在 Lenovo 类或者 Acer 类中的 SetColor( )方法中注入具体实现类的对象即可。

(7) 迪米特法则：如果两个软件实体无须直接通信，那么就不应当发生直接的相互调用，可以通过第三方转发该调用。其目的是降低类之间的耦合度，提高模块的相对独立性。

实例分析：某汽车系列产品系统中，汽车（Car1、Car2、Car3、Car4、Car5 等）和颜色（Color1、Color2、Color3、Color4 等）之间的调用关系比较复杂。图 1－13 是汽车与颜色类图。

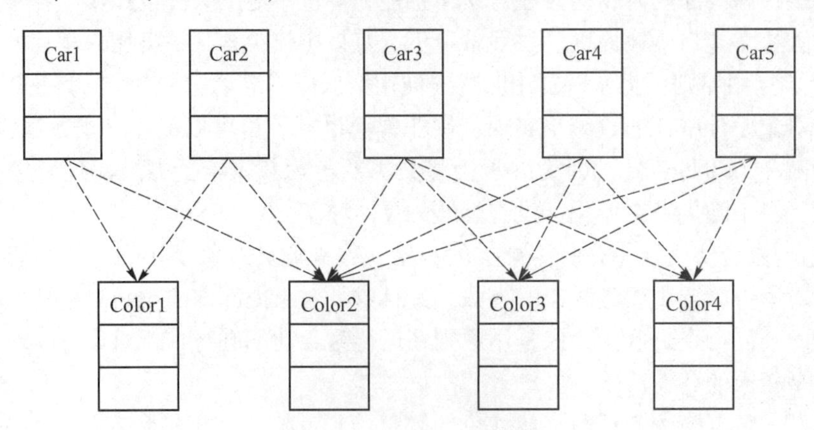

图 1－13　汽车与颜色类图

由于汽车与颜色之间存在较为复杂的关系，因此导致系统的耦合度非常高，对系统的重用和维护非常困难。现在要降低汽车和颜色的耦合度，使用迪米特法则重构系统类图。图 1－14是重构后的汽车与颜色类图。

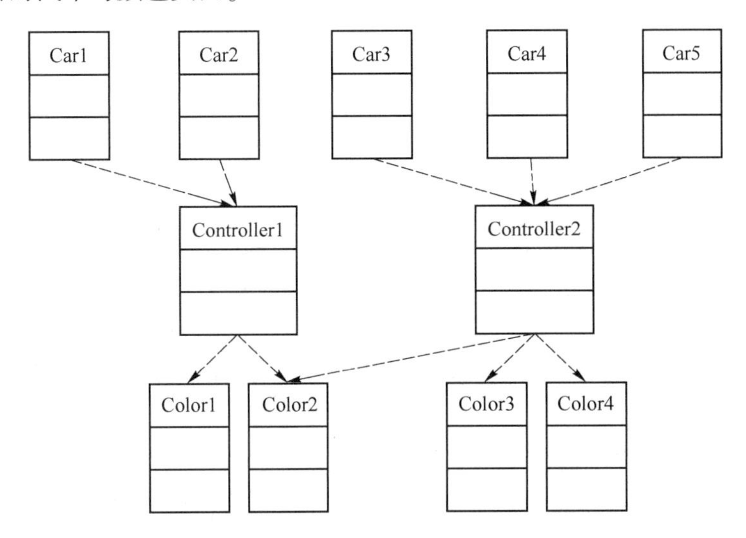

图 1－14　重构后的汽车与颜色类图

在汽车和颜色之间引入控制层（Controller1、Controller2），由控制层负责汽车和颜色之间的调用，无须直接交互。若需要增加新的颜色，则可以对应增加新的控制类或者修改现有控制类，而无须修改汽车类。

1.1.4　面向对象解决方案的类图和效果

在动物管理系统中，假设原来动物为狗、新增动物为猫，并且猫新增体重管理功能，用面向对象解决动物管理系统的类图。图 1－15 是抽象 Animal 类衍生出 Dog 类和 Cat 类图。

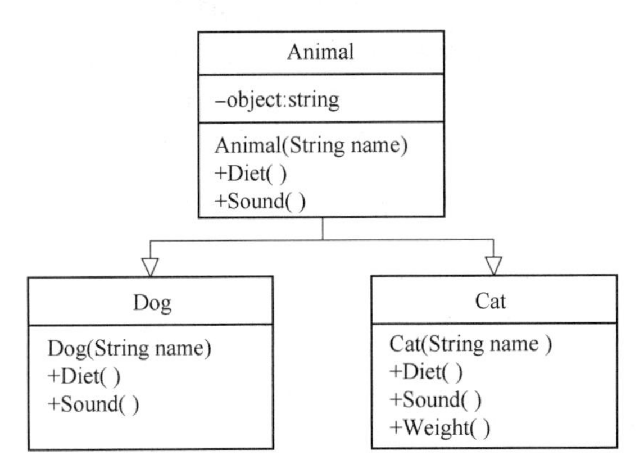

图 1－15　抽象 Animal 类衍生出 Dog 类和 Cat 类图

首先新建一个 Animal 抽象类，有 Diet 和 Sound 两个方法，只要继承 Animal 类就必须实现这两个方法。因为 Dog 类和 Cat 类继承 Animal 类，所以都有 Diet 和 Sound 两个方法。当新增功能时，可在子类中直接添加。上例中，Cat 有体重功能，在 Cat 类中添加 Weight 函数实现相应功能即可。

当动物的功能基本一样时，抽象类可以提供统一的方法让子类继承，减少代码的冗余，子类可以按照需求使用或者修改这些方法。Dog 类和 Cat 类是具体类，代表两种 Animal。对动物管理系统来说，Animal 隐藏了 Dog 和 Cat 的类型，Animal 对象引用不同动物的具体实例将会得到不同的功能。

练习题 1

一、选择题

下列属于面向对象基本原则的是（　　）。

A. 继承　　　　B. 封装　　　　C. 里氏替换　　　　D. 都不是

二、填空题

1. 面向对象的 7 条基本原则包括：开闭原则，里式替换原则，合成/聚合复用原则、__________、__________、__________以及__________。

2. 面向对象的三大特性是__________、__________和__________。

三、简答题

什么是多态？请举例说明。

1.2　UML 简介

本节将简单介绍 UML（又称统一建模语言或标准建模语言），UML 是为面向对象开发系统的产品进行说明、可视化和编制文档的一种标准语言。本节介绍本书所需 UML 的基本概念、组成及案例。

1.2.1　UML 的基本概念

UML 是一种用于具体说明、形象化并记载开发中的面向对象系统的工作语言。它表现了 Booch、OMT 和对象符号，以及大量的其他方法学的最佳观念的统一。通过统一这些面向对象方法使用的符号，统一的建模语言为基于广泛的用户经验基础形成的面向对象分析和设计领域中的事实上的标准提供了基础。

UML 的三个主要的特性如下。

（1）UML 是一种可视化语言。

（2）UML 用于建模。

（3）UML 是一种统一的标准。

UML 提供以下 9 种图。

（1）类图：描述一组类之间的关系。用于对应用领域中的概念及与系统实现有关的内部概念建模。

（2）对象图：描述一组对象之间的关系。它是对象类图的一个实例，表示在某一时刻系统对象的状态、对象之间关系的状态及对象行为静态方面的状态。

（3）用例图：描述一组用例，参与者及其他之间的关系，是外部用户所能观察到的系统功能的模型图，用于需求建模。

（4）顺序图：描述一个交互，表示对象之间传送消息的时间顺序。

（5）通信图：描述一个交互，强调对象与对象之间的消息传递。

（6）状态机图：描述一个对象所处的状态及其变化，是一个类对象可能经历的所有历程的模型图。

（7）活动图：描述执行算法的工作流程中涉及的活动，是对人类组织的现实世界中的工作流程建模。

（8）构件图：描述一组构件及其关系，用于为系统的构件建模型。

（9）部署图：描述一组节点及其关系，允许评估分配结果和资源分配。节点是一组运行期间的系统资源，如计算机、数据库、设备或存储器。

下面主要介绍本书常用的类图和交互图。

1.2.2　类图

静态视图说明了对象的结构，其中常用的就是类图，类图可以帮助我们更直观地了解一个系统的体系结构。有时，描述系统快照的对象图（Object Diagram）也是很有用的。在这里，我们主要介绍类图，首先从最基本的入手：类和接口。

（1）类/抽象类。图1－16是UML类示例图。

从图1－16中可以看到，从上到下分成了三部分，分别是：类名、属性、方法。

属性和方法前面有+、－、#符号，分别表示+-> public、--> private、#-> protected。

（2）接口（Interface）。图1－17是UML接口示例图。

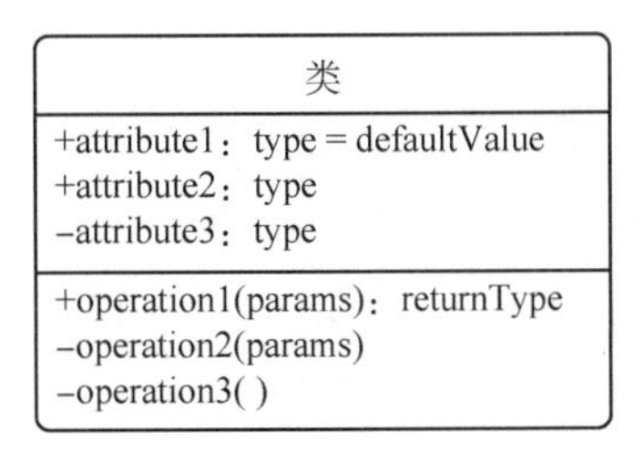

图1－16　UML类示例图

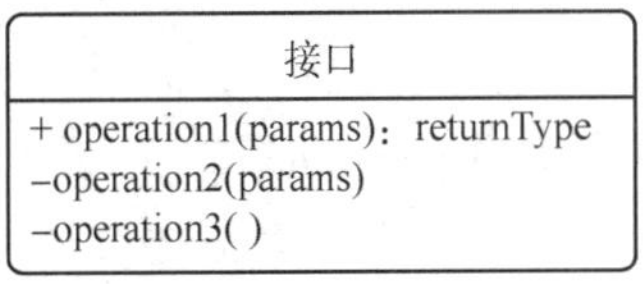

接口
+ operation1(params)：returnType
–operation2(params)
–operation3( )

图1－17　UML接口示例图

如图1－17所示，接口一般由两部分组成，上面为接口名，下面为方法名。接口中的成员可见性有public和private。

类图中，类与类之间一般会有6种关系，它们分别是泛化（Generalization）、实现（Implements）、组合（Composition）、聚合（Aggressgation）、依赖（Dependency）、关联（Association）。

（1）泛化（Generalization）。类与类之间的泛化（继承）用空心三角形+实线表示。图1－18是UML类的泛化示例图。

在这里，Student类继承了Person类，自动拥有了Person类的公共属性和操作。同时，它也扩展了自己独有的属性和操作score和getScore。泛化关系用一个实线空箭头的连线表示，该箭头指向父类。

（2）实现（Implements）。实现的概念和继承有些类似。但是接口中不会有已经写好的操作或者方法，接口中声明的操作都需要在实现类中实现。图1－19是UML类的实现示例图。

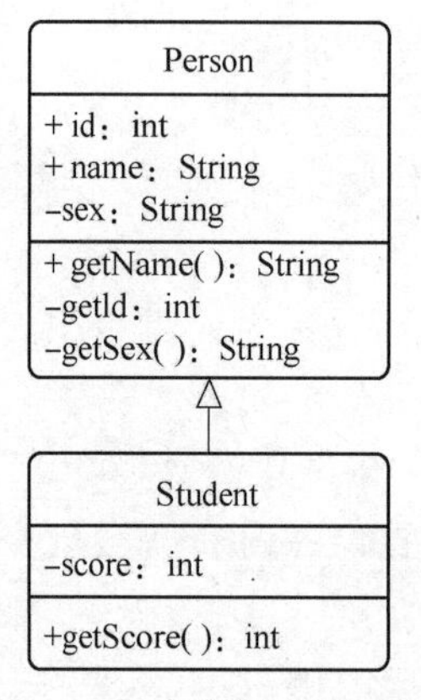

图 1－18 UML 类的泛化示例图

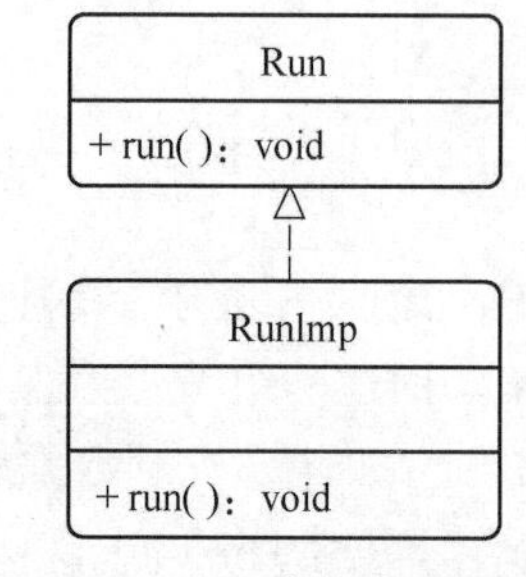

图 1－19 UML 类的实现示例图

这里 RunImp 类实现了 Run 接口。实现关系用一个虚线空心箭头的连线来表示，箭头指向接口。

除了泛化和实现，一般类与类的关系还包括依赖、关联、聚合和组合。这几种类与类之间的关系是有强弱之分的，可以大致排序为：泛化 = 实现 > 组合 > 聚合 > 关联 > 依赖。

（3）依赖（Dependency）。依赖表示一个类的实现需要另一个类的协助，是类与类之间一种很弱的联系。其表示方法：虚线 + 箭头，箭头指向被使用的对象。图 1－20 是 UML 依赖关系示例图。

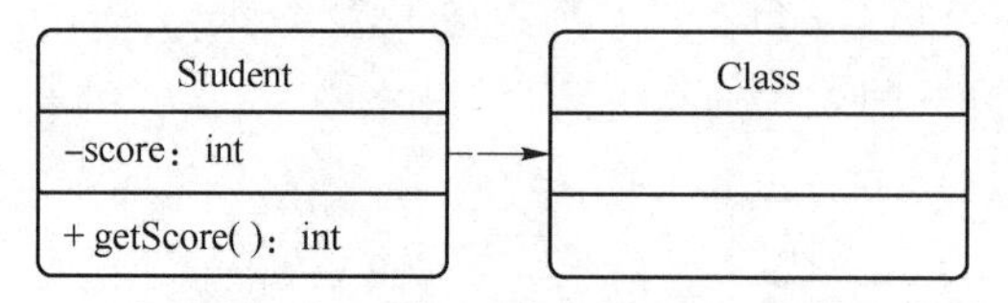

图 1－20 UML 依赖关系示例图

例如，学生为了得到高分需要认真上课，这就是依赖关系。

（4）关联（Association）。关联关系表示类与类之间的连接，它使一个类知道另一个类的属性和方法。若一个对象需要知道另一个对象，则对象之间是一种关联的关系。关联可以是单向的，即一个对象知道另一个对象，而另一个对象不知道该对象，也可以是双向的，即两个对象相互知道。关联关系用一条实线表示，单向关联带一个箭头，指向被知道的对象，双向关联无箭头。例如，学生需要了解课程的情况，而课程不需要了解学生的情况，这是一种单向关联关系。图 1－21 是 UML 关联关系示例图。

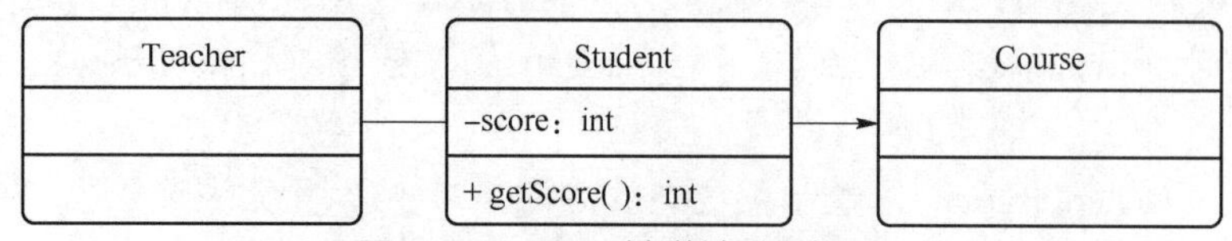

图 1－21 UML 关联关系示例图

例如，学生与老师之间是互动关系，是相互关联的；学生可以选课、上课，学生与课程之间单向关联。

（5）聚合（Aggressgation）。聚合也表示两个对象之间的一种拥有关系，但是这个关系是一种弱的拥有关系。两者的生命周期是不相互依赖的，这是与组合的一个重要区别。聚合关系用一个带箭头的连续线表示，尾巴带一个空心的菱形，箭头指向被拥有的对象。图 1－22是 UML 聚合关系示例图。

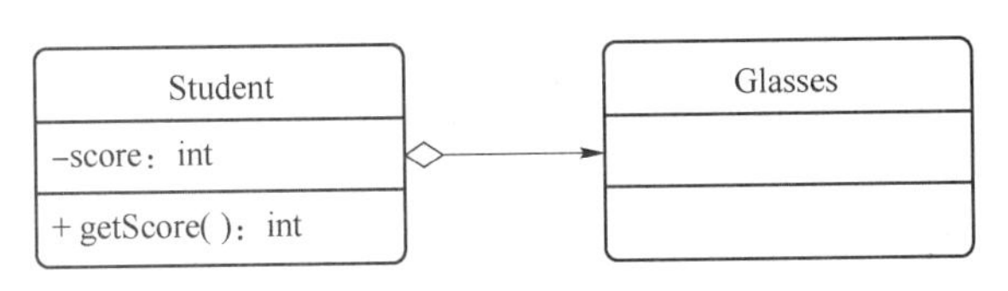

图1－22　UML聚合关系示例图

例如，学生和眼镜之间是一种拥有关系，两者的生命周期是不相互依赖的，学生和眼镜都可单独存在。

（6）组合（Composition）。组合表示的是两个对象之间一种强“拥有”的关系，如果B组合成A，那么B是A的一个整体，B和A的生命周期是一样的。即一种部分与整体的关系，部分与整体之间的生命周期是一样的。组合关系用一个带箭头的连线表示，尾巴上有一个实心的菱形，箭头指向被拥有的对象。图1－23是UML组合关系示例图。

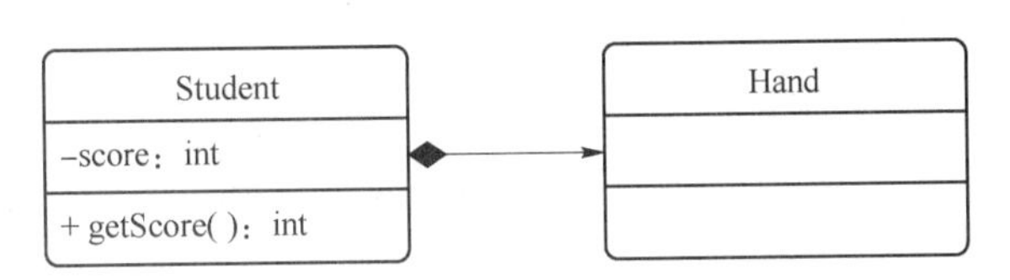

图1－23　UML组合关系示例图

在这里，Hand和Student是组合关系，Hand是Student的部分，Student拥有Hand，而且Hand的生命周期依赖Student的生命周期。也就是说若Student没有了，则Student的Hand也没有了。

类图可以表示类之间的静态关系，但我们有时候需要表示动态关系，这就需要使用交互图。下面简单介绍交互图的基本概念。

1.2.3　交互图

表示对象间如何交互的UML图称为交互图（Interaction Diagram）。最常用的交互图是顺序图。UML中的顺序图又称时序图，其实就是强调时间的顺序，主要用于按照交互发生的一系列顺序，显示对象之间的这些交互，以二维图显示交互。横向代表的是交互的角色，纵向代表的是时间轴，时间依次从上到下。

1. 基本概念

时序图是一种强调时间顺序的交互图，在时序图中，首先把参与交互的对象放在图的上方，沿横轴方向排列。通常把发起交互的对象放在左边，较下级对象依次放在右边，然后把这些对象发送和接收的消息沿纵轴方向按时间顺序从上到下放置。这样就提供了控制流随着时间推移的、清晰的可视化轨迹。

2. 时序图元素

（1）角色（Actor）。系统角色，可以是人及其他的系统或者子系统。

（2）对象（Object）。

对象包括以下三种命名方式。

① 包括对象名和类名，即“类名：对象名”。

② 只显示类名不显示对象名，即“类名”。

③ 只显示对象名不显示类名，即“对象名”。

图 1－24 是交互图对象示例图。

（3）生命线（Lifeline）。生命线在顺序图中表示为从对象图标向下延伸的一条虚线，表示对象存在的时间。图 1－25 是交互图生命线示例图。

（4）控制焦点。控制焦点是顺序图中表示时间段的符号，在这个时间段内对象将执行相应的操作。图 1－26 是交互图控制焦点示例图。

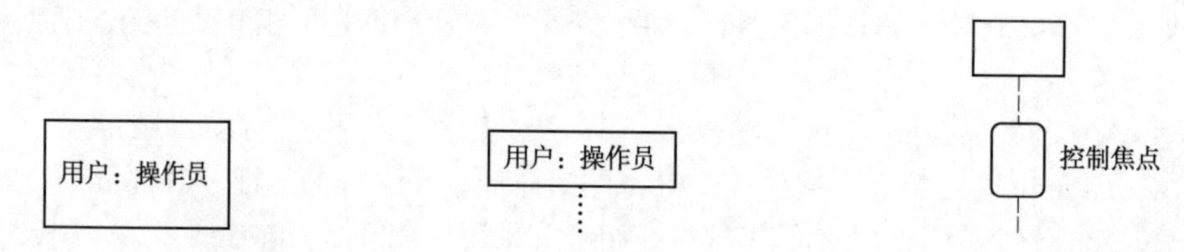

图 1－24　交互图对象示例图　　图 1－25　交互图生命线示例图　　图 1－26　交互图控制焦点示例图

（5）消息。消息分为同步消息、异步消息、返还消息和自关联消息。消息通常是指对象与对象或者对象自身之间的联系。

① 同步消息：消息的发送者把控制传递给消息的接收者，然后停止活动，等待消息的接收者放弃或者返回控制。

② 异步消息：消息的发送者通过消息把信号传递给消息的接收者，然后继续自己的活动，不等待接收者返回消息或者控制。异步消息的接收者和发送者是并行工作的。

③ 返还消息：返还消息表示从过程调用返回。

④ 自关联消息：自身调用及一个对象内的一个方法调用另外一个方法。

图 1－27 是交互图消息示例图。

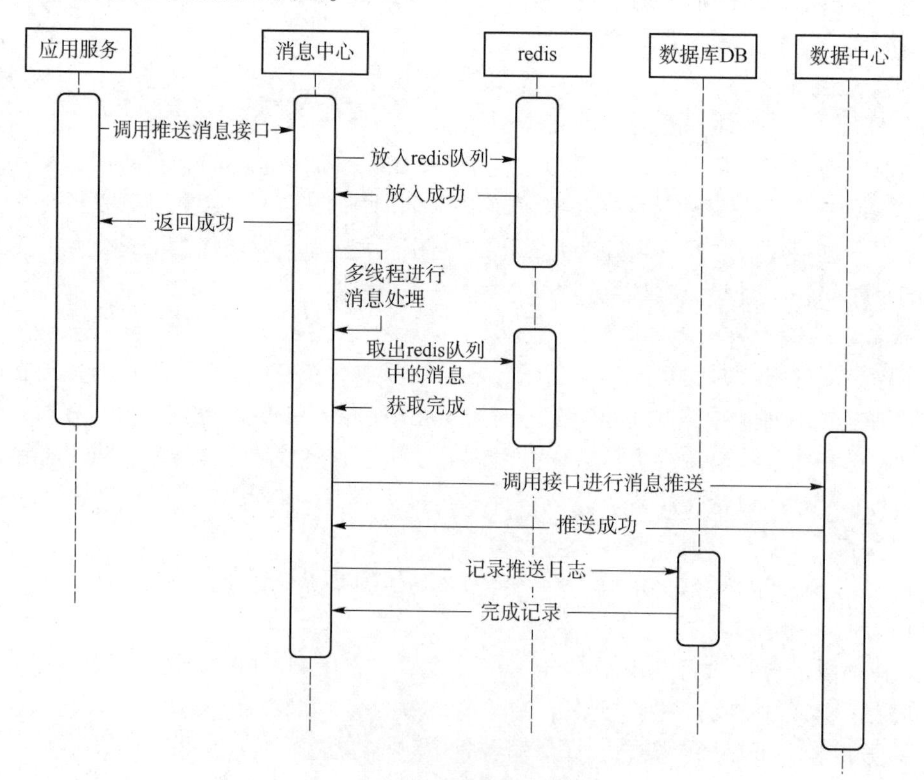

图 1－27　交互图消息示例图

1.2.4 小结

本节简单介绍了 UML 的基础知识，主要讲述了类图和交互图。类图显示了模型的静态结构，特别是模型中存在的类、类的内部结构以及它们与其他类的关系等。而时序图描述对象是如何交互的，并且将重点放在消息序列上。也就是说，描述消息是如何在对象间发送和接收的。UML 是用于设计交流的语言，不用太着重于“正确地画图”，建议将重点放在最有利于相互交流的层面上。

第 2 章　设计模式简介

本章主要内容

➢ 介绍设计模式的产生和发展及建筑学起源。

➢ 学习在软件设计领域中如何应用设计模式。

➢ 学习设计模式的优势。

设计模式是面向对象的重要技术。现在面向对象的程序设计、图书和学习培训都与设计模式息息相关。在互联网行业蓬勃发展的背景下，设计模式在软件行业的应用中也显示出巨大的优势。在学习设计模式的过程中与面向对象技术结合起来，对于程序设计人员深入理解面向对象分析与设计大有裨益。

在本书后面的内容中，我们将对创建型模式、结构型模式、行为型模式三大类设计模式进行系统介绍，还会结合具体案例运用设计模式进行分析。同时，案例分析过程也会结合面向对象原则，帮助读者理解这些原则。

2.1　设计模式的产生和发展

1977 年，美国著名建筑大师 Christopher Alexander 在他的著作《建筑模式语言：城镇、建筑、构造》（*A Pattern Language*：*Towns Building Construction*）中描述了一些常见的建筑设计问题，并提出 253 种关于对城镇、邻里、住宅、花园和房间等进行设计的基本模式。

1979 年，他的另一部经典著作《建筑的永恒之道》（*The Timeless Way of Building*）进一步强化了设计模式的思想，为后来的建筑设计指明了方向。

上述著作的表述中流露出一种思想，Alexander 认为建筑系统中存在这样的客观根据。评价建筑美观与否不能凭借主观意向，应该能够通过可以度量的客观根据来描述美。软件设计模式背后的一个观点，就是软件系统的质量可以客观度量。

该怎样去思考度量一个建筑是否优秀的根据？在中学都学过传统文化继承要取其精华，去其糟粕。那么优秀建筑度量也一样，应选取优秀设计所具备的特性，而去掉劣势设计所具备的特性。

为了研究这一度量根据，Alexander 对建筑物、城镇、街道等进行大量观察。他发现，在特定的建筑物中，优秀的结构都有一些共同之处。即使各种建筑结构属于一种类型，也会有不同之处。虽然它们互不相同，但可能都具有很高的质量。

Alexander 认识到同种类型的建筑结构互不相同，可能因为其需要解决的实际问题不同。因此，在寻找度量根据一致性的过程中，需要观察解决相同问题而设计的不同结构。通过这样的方式可以更加容易对比并得到优秀设计之间的相似之处。这种相似之处称为模式。他对模式的定义是“在某一背景下某个问题的一种解决方案”。

每个模式都描述了一个在实际环境中会不断重复出现的问题，并进而叙述了这个问题的解决方案的要素，通过这种方式，解决方案能够百万次地反复应用，但是具体实现方式又不会完全相同。

Alexander 认为模式可以解决遇到的几乎所有建筑问题。模式的组合可以解决更加复杂的建筑问题。将会在本书后面的章节讨论模式组合解决的问题。

到这里已经详细地介绍了设计模式的产生，其发展过程如下。

（1）1987 年，Kent Beck 和 Ward Cunningham 首先将 Alexander 的模式思想应用在 Small-talk 中的图形用户接口的生成中，但没有引起软件工程界的关注。

（2）直到 1990 年，软件工程界才开始研讨设计模式这一话题，后来召开了多次关于设计模式的研讨会。在 Architectural Handbook 研讨会中，Erich Gamma 和 Richard Helm 等开始讨论有关设计模式的话题。“四人组”正式成立，并开始着手进行设计模式的分类整理工作。

（3）1991 年，Bruce Anderson 主持了首次针对设计模式的研讨会，Gamma 和 Johnson 等人就设计模式展开讨论。同年，Jim Coplien 出版了《高级 C + + 编程风格和成例》一书，成例是设计模式的一种。

（4）1992 年，Anderson 再度主持研讨会，模式已经逐渐成为人们讨论的话题。在研讨会中，伊利诺伊大学教授 Ralph Johnson 发表了《模式与应用框架关系》的论文，同年，Pe-ter Coad 在国际权威计算机期刊 *Communications of ACM* 上发表论文 *Object - oriented patterns*，该文章包含了与面向对象分析与设计相关的 7 个模式。

（5）1993 年，Kent Beck 和 Grady Booch 赞助了第一次关于设计模式的会议，这次会议邀请了 Richard Helm、Ralph Johnson、Ward Cunningham 及 James Coplien 等人参加，共同讨论如何将 Alexander 的模式思想与面向对象技术结合起来。他们决定以 Gamma 的研究成果为基础继续努力。

（6）1994 年，由 Hillside Group 发起，在美国伊利诺伊州的 Allerton Park 召开了第一届关于面向对象模式的世界性会议，名为 PLoP（Pattern Languages of Programs，编程语言模式会议）。

（7）1995 年，Erich Gamma、Richard Helm、Ralph Johnson 及 John Vlissides 这 4 位作者合作出版了《设计模式：可复用面向对象软件的基础》（*Design Patterns*：*Elements of Reusable Object - Oriented Software*）一书，这是设计模式领域的里程碑事件，是软件设计模式的突破。

（8）从 1995 年至今，设计模式在软件开发中得以广泛应用，在 Sun 公司的 Java SE/Java EE 平台和 Microsoft 公司的 . NET 平台设计中就应用了大量的设计模式。同时也产生了众多的与设计模式相关的书籍和网站，设计模式也作为软件工程领域的一个重要分支走入大学教育的课堂上。

2.2　从建筑设计模式到软件设计模式

20 世纪 90 年代初，一些软件开发人员接触到 Alexander 有关的建筑学模式，于是他们思考建筑学中的模式是否可以应用在软件设计中。

因为在软件设计中经常会出现一些可以用某种相同方式来解决的重复问题，解决这些问题可以用建筑学模式方法，即先找出模式，然后根据模式创建具体实现方案。确定该方法具有可行性后，接下来就是找出一些模式，然后制定出新模式的编录标准。

在20世纪90年代初，许多人都在研究设计模式，其中影响最大的是由Erich Gamma、Richard Helm、Ralph Johnson及John Vlissides这4位作者合作出版的《设计模式：可复用面向对象软件的基础》（*Design Patterns：Elements of Reusable Object-Oriented Software*）。这4位就是我们熟悉的“四人组”。

这本书具有以下几个重要贡献。

（1）将建筑学的设计模式应用于软件设计中。

（2）给出了编录和描述设计模式的一种格式。

（3）在书中收录了23种设计模式。

（4）在这些设计模式的基础上推导出了一些面向对象的策略和方法。

在这本书中“四人组”只是将软件设计行业中已经存在的优秀设计经验的模式总结出来，并没有自己创造模式。接下来我们介绍模式的关键特征，如表2-1所示。

表2-1　模式的关键特征

项　　目	描　　述
名称	每个模式都有唯一的用于标识的名称
意图	模式的目的
问题	模式要解决的问题
解决方案	模式怎样为问题提供一个切合实际的解决方案
参与者和协作者	模式所涉及的实体
效果	使用模式的效果，研究模式中起作用的各种因素
实现	模式的实现方式
一般性结构	显示模式典型结构的标准图

2.3　软件设计模式的定义和分类

有关软件设计模式的定义有很多，有些从模式的特点来说明，有些从模式的作用来说明。本书给出的定义是大多数学者公认的。

软件设计模式（Software Design Pattern）又称设计模式，是一套被反复使用的、多数人知晓的、经过分类编目的、代码设计经验的总结。它描述了在软件设计过程中的一些不断重复发生的问题，以及该问题的解决方案。也就是说，它是解决特定问题的一系列套路，是前辈们的代码设计经验的总结，具有一定的普遍性，可以反复使用。其目的是提高代码的可重用性、代码的可读性和代码的可靠性。

在《设计模式：可复用面向对象软件的基础》中提到的软件设计模式总共有23种。这些模式可以分为三大类：创建型模式（Creational Patterns）、结构型模式（Structural Patterns）、行为型模式（Behavioral Patterns）。

创建型模式的主要用途是“怎样创建对象?”，它的主要特点是“将对象的创建与使用分离”，这样可以降低对象创建与对象使用的耦合度。对象使用者不需要关心对象的创建细节，使对象创建具有良好的封装性。创建型模式具体包括：工厂方法（Factory Method）模式、抽象工厂（Abstract Factory）模式、单例（Singleton）模式、建造者（Builder）模式、原型（Prototype）模式。创建型模式说明如表2－2所示。

表2－2 创建型模式说明

模式类别	模式名称	模式说明
创建型模式（Creational Patterns）	工厂方法模式	将类的实例化操作延迟到子类中完成，即由子类来决定究竟应该实例化哪一个类
	抽象工厂模式	提供了一个创建一系列相关或者相互依赖对象的接口，而无须指定它们具体的类
	单例模式	确保在系统中某一个类只有一个实例，而且自行实例化并向整个系统提供这个实例
	建造者模式	将一个复杂对象的构建与它的表示分离，使同样的构建过程可以创建不同的表示
	原型模式	通过给出一个原型对象来指明所要创建的对象类型，然后通过复制这个原型对象的办法创建出更多同类型的对象

结构型模式的主要用途是处理类或对象的组合，通过对类和对象的复杂组合构建复杂的系统。它分为类结构型模式和对象结构型模式，前者采用继承实现类或者对象复用，后者采用组合或聚合实现类或者对象复用。由于组合或聚合关系比继承关系的耦合度低，满足“合成复用原则”，因此对象结构型模式比类结构型模式具有更强的灵活性。结构型模式具体包括适配器（Adapter）模式、桥接（Bridge）模式、组合（Composite）模式、装饰器（Decorator）模式、外观（Facade）模式、享元（Flyweight）模式、代理（Proxy）模式。结构型模式说明如表2－3所示。

表2－3 结构型模式说明

模式类别	模式名称	模式说明
结构型模式（Structural Pattern）	适配器模式	将一个接口转换成客户希望的另一个接口，从而使接口不兼容的那些类可以一起工作
	桥接模式	将抽象部分与它的实现部分分离，使它们都可以独立地变化
	组合模式	通过组合多个对象形成树型结构以表示“整体—部分”的结构层次。对单个对象（叶子对象）和组合对象（容器对象）的使用具有一致性
	装饰器模式	动态地给一个对象增加一些额外的职责
	外观模式	为复杂子系统提供一个一致的接口
	享元模式	通过运用共享技术有效地支持大量细粒度对象的复用
	代理模式	给某个对象提供一个代理，并由代理对象控制对原对象的引用

行为型模式的主要用途是描述程序在运行时复杂的流程控制，即描述多个类或对象之间怎样相互协作共同完成单个对象都无法单独完成的任务，它涉及算法与对象间职责的分配。行为型模式分为类行为模式和对象行为模式，前者采用继承实现类或者对象复用，后者采用组合或聚合实现类或者对象复用。行为型模式具体包括责任链（Chain of Responsibility）模式、命令（Command）模式、解释器（Interpreter）模式、迭代器（Iterator）模式、中介者

(Mediator) 模式、备忘录 (Memento) 模式、观察者 (Observer) 模式、状态 (State) 模式、策略 (Strategy) 模式、模板方法 (Template Method) 模式、访问者 (Visitor) 模式。行为型模式说明如表2-4所示。

表2-4 行为型模式说明

模式类别	模式名称	模式说明
行为型模式(Behavioral Patterns)	责任链模式	避免请求发送者与接收者耦合在一起，让多个对象都有可能接收请求，将这些对象连接成一条链，并且沿着这条链传递请求，直到有对象处理该请求为止
	命令模式	将一个请求封装为一个对象，从而使得请求调用者和请求接收者解耦
	解释器模式	描述如何为语言定义一个语法，如何在该语言中表示一个句子，以及如何解释这些句子
	迭代器模式	提供一种方法来访问聚合对象，而不用暴露这个对象的内部表示
	中介者模式	通过一个中介对象来封装一系列的对象交互，使各个对象不需要显式地相互引用，从而使其耦合较松散，而且可以独立地改变它们之间的交互
	备忘录模式	在不破坏封装的前提下，捕获一个对象的内部状态，并在该对象之外保存这个状态，这样可以在以后将对象恢复到原先保存的状态
	观察者模式	定义了对象间的一种一对多依赖关系，使每当一个对象状态发生改变时，其相关依赖对象皆得到通知并被自动更新
	状态模式	允许一个对象在其内部状态改变时改变它的行为
	策略模式	定义一系列算法，将每种算法均封装在一个类中，并让它们可以相互替换，策略模式让算法独立于使用它的客户而变化
	模板方法模式	定义一个操作中算法的骨架，而将一些步骤延迟到子类中
	访问者模式	表示一个作用于某个对象结构中的各元素的操作，它使得用户可以在不改变各元素的类的前提下定义作用于这些元素的新操作

这23种设计模式并不是孤立存在的，很多设计模式彼此之间存在联系，如在访问者模式中，操作对象结构中的元素通常需要使用迭代器模式。此外还可以通过模式组合来设计同一个系统，在充分发挥每个模式优势的同时，使它们可以协同合作完成复杂的任务。

2.4 学习设计模式的优点

设计模式的本质是面向对象设计原则的实际运用，是对类的封装性、继承性和多态性及类的关联关系和组合关系的充分理解。正确使用设计模式具有以下优点。

➢ 设计模式可以帮助程序开发人员自学，学习设计模式可以提高程序开发人员的思维能力和设计能力。

➢ 使用设计模式可以使设计的代码的可维护性增强。因为设计模式都是久经考验的解决方案，在应对变化时更加灵活。设计模式便于理解面向对象设计原则，因为设计模式可以用来阐释基本的面向对象概念（封装、继承、多态）。

《设计模式》一书对面向对象设计的策略提出了一些建议，包括以下几点。

➢ 按接口编程。

➢ 尽量用聚合代替继承。

➢ 找出变化并封装之。

上述策略会在本书的后续章节中不断被重复使用，学习设计模式可以理解这些策略的重要性。当然，软件设计模式只是一个引导。在具体的软件开发中，必须根据设计的应用系统的特点和要求来恰当选择。对于简单的程序开发，可能写一个简单的算法要比引入某种设计模式更加容易。但对于大项目的开发或者框架设计，用设计模式来组织代码显然更好。

练习题 2

一、选择题

1. 设计模式具有的优点是（　　）。

A. 适应需求变化

B. 程序易于理解

C. 减少开发过程中的代码开发工作量

D. 简化软件系统的设计

2. 设计模式一般用来解决什么样的问题？（　　）。

A. 同一问题的不同表相　　B. 不同问题的同一表相

C. 不同问题的不同表相　　D. 以上都不是

3. 常用的设计模式可分为（　　）。

A. 创建型、结构型、行为型

B. 对象型、结构型、行为型

C. 过程型、创建型、结构型

D. 抽象型、接口型、实现型

二、名词解释

设计模式

三、简答题

1. 设计模式的基本要素有哪些？

2. Alexander 发现，通过观察解决相同问题的不同结构，可以得到什么结论？

3. 《设计模式》一书中对面向对象设计的策略提出了哪些建议？

四、论述题

1. 关于“模式有助于提高思考层次”，你有过类似经历吗？举出一个例子。

2. 解释“找出变化并封装之”的含义。

第二部分　设计模式篇

第3章　创建型模式

创建型模式的主要关注点是“怎样创建对象”，它的主要特点是“将对象的创建与使用分离”。这样可以降低系统的耦合度，使用者不需要关注对象的创建细节，对象的创建由相关的工厂来完成。就像我们去商场购买商品，不需要知道商品是怎么生产出来一样，因为它们由专门的厂商生产。

我们将在之后的小节中详细地介绍常用的四种创建型模式，包括单例（Singleton）模式、原型（Prototype）模式、工厂方法（FactoryMethod）模式以及抽象工厂（AbstractFactory）模式，分析它们的特点、结构以及应用。

3.1　工厂方法模式

本节介绍一种常用的类创建型设计模式——工厂方法模式（Factory Method Pattern）。

本节将介绍以下内容。

- 工厂方法模式的应用需求
- 讨论简单工厂方法模式的解决方案
- 进一步给出工厂方法模式的解决方案
- 工厂方法模式的关键特征

3.1.1　工厂方法模式应用需求

工厂方法模式是工厂模式家族中应用最广泛的模式之一。工厂方法模式的实质是“定义一个创建对象的接口，但让实现这个接口的类来决定实例化哪个类。工厂方法将类的实例化推迟到子类中进行。”

核心工厂类不再负责产品的创建，这样核心类成为一个抽象工厂角色，仅负责具体工厂子类必须实现的接口，这样进一步抽象化的好处是使得工厂方法模式可以使系统在不修改具体工厂角色的情况下引进新的产品。

这里我们用生产手机来举例，假设有一个手机的代工生产商，它可以生产 IPhone 和 MiPhone，随着以后的发展，工厂可能会生产更多的产品。这时候就可以使用工厂方法模式，下面我们来看解决方案。

3.1.2　简单工厂模式解决方案

当需要生成的产品不多且不考虑扩展时，应考虑使用简单工厂模式。在简单工厂模式中创建实例的方法通常为静态（Static）方法，因此简单工厂模式（Simple Factory Pattern）又叫做静态工厂方法模式（Static Factory Method Pattern），但不属于 23 种 GOF 设计模式之一。简单工厂模式是由一个工厂对象决定创建出哪一种产品类的实例。简单工厂模式是工厂模式家族中最简单实用的模式，可以理解为是不同工厂模式的一个特殊实现。

以上面生产手机来举例，假设这个手机代工生产商已经确定好业务不在增加，只生产小米手机和苹果手机。这个时候就可以应用简单工厂模式。

简单工厂模式解决方案的类图如下。

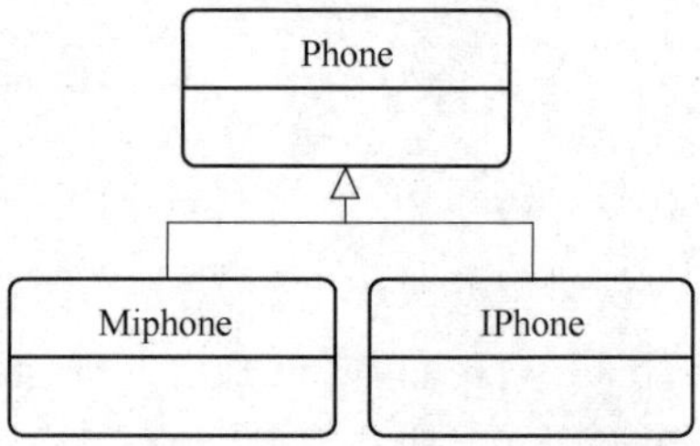

创建一个 Phone 的抽象工厂类，然后定义两个具体的产品类 MiPhone 和 IPhone 实现它。最后定义用户类，外部调用工厂类的静态方法进行创建。

图 3-1 简单工厂模式解决方案类图

1. 定义抽象产品手机类

```
public abstract class Phone {

    public abstract void create();
}
```

2. 定义具体实现产品类，继承抽象产品类

MiPhone 类：

```
public class MiPhone extends Phone {
    public MiPhone() {
        this.create();
    }
    @ Override
    public void create() {
        // TODO Auto - generated method stub
        System.out.println("create MiPhone!");
    }
}
```

iPhone 类：

```
public class IPhone extends Phone {
    public IPhone() {
        this.create();
    }
    @ Override
    public void create() {
        // TODO Auto - generated method stub
        System.out.println("create iphone!");
    }
}
```

3. 定义工厂类

```
public class PhoneFactory {

    public Phone makePhone(String phoneType) {
if(phoneType.equalsIgnoreCase("MiPhone")){
```

```
            return new MiPhone();
        }
        else if(phoneType.equalsIgnoreCase("iPhone")) {
            return new IPhone();
        }
        return null;
    }
}
```

4. **定义用户类，外部调用工厂类的静态方法**

```
public class User {

    public static void main(String[] arg) {
        PhoneFactory factory = new PhoneFactory();
        Phone miPhone = factory.makePhone("MiPhone");
// create xiaomi phone!
        IPhone iPhone = (IPhone)factory.makePhone("iPhone");
// create iphone!
    }
}
```

输出结果：

```
create MiPhone!
create iphone!
```

3.1.3 工厂方法模式解决方案

简单工厂模式的工厂类集成了所有产品的创建逻辑，当工厂类出现问题，所有产品都会出现问题；还有当新增加产品都会修改工厂类，违背开闭原则。

考虑到工厂未来可能扩展，结合抽象工厂采用工厂方法模式的解决方案，解决了简单工厂模式的弊端，实现父类定义公共实现接口，子类负责实现创建具体的对象，这样就可以实现增加产品类时，不需要修改工厂类，而只需要修改工厂子类。首先分析工厂方法模式的主要角色和结构。

工厂方法模式的主要角色如下。

➢ 抽象工厂（Abstract Factory）：提供了创建产品的接口，调用者通过它访问具体工厂的工厂方法 CreateProduct（）来创建产品。

➢ 具体工厂（ConcreteFactory）：主要是实现抽象工厂中的抽象方法，完成具体产品的创建。

➢ 抽象产品（Product）：定义了产品的规范，描述了产品的主要特性和功能。

➢ 具体产品（ConcreteProduct）：实现了抽象产品角色所定义的接口，由具体工厂来创建，它同具体工厂之间一一对应。

工厂方法模式将生成具体产品的任务分发给具体的产品工厂。

图 3-2 是工厂方法模式通用 UML 类图。

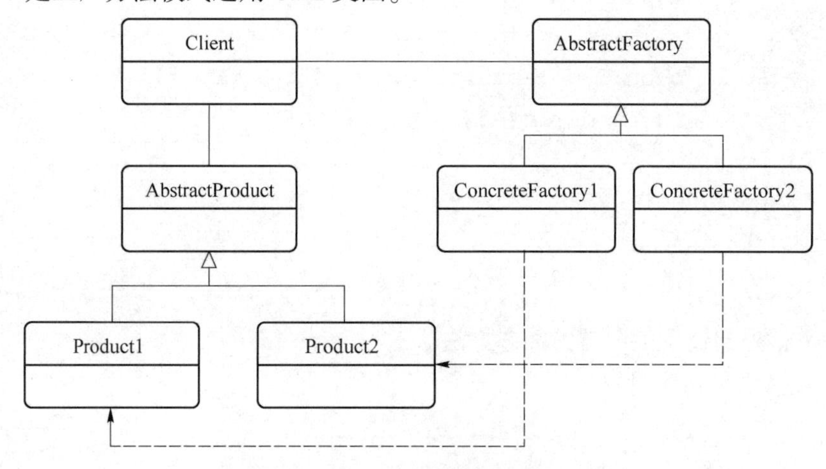

图 3-2　工厂方法模式通用 UML 类图

也就是定义一个抽象工厂，其定义了产品的生产接口，但不负责具体的产品，将生产任务交给不同的派生类工厂。这样不用通过指定类型来创建对象了。

关键代码如下。

1. 首先创建 Phone 抽象类，它是手机标准规范类。

```
public abstract class Phone {

public abstract void create();
}
```

2. 创建 MiPhone 类，生产小米手机。

```
public class MiPhone extends Phone {

public MiPhone() {
    this.create();
}
@ Override
public void create() {
    // TODO Auto - generated method stub
    System.out.println("create MiPhone!");
  }
}
```

3. 创建 IPhone 类，生产苹果手机。

```
public class IPhone extends Phone {

public IPhone() {
    this.create();
}
@ Override
public void create() {
```

```
        // TODO Auto - generated method stub
        System.out.println("create iphone!");
    }
}
```

4. 创建抽象工厂 AbstractFactory 类：手机代工厂（Factory）。

```
public interface AbstractFactory {
Phone makePhone();
}
```

5. 创建具体生产工厂，小米生产工厂 XiaoMiFactory 类。

```
public class XiaoMiFactory implements AbstractFactory{
@ Override
public Phone makePhone() {
        return new MiPhone();
    }
}
```

6. 创建具体生产工厂，苹果生产工厂 AppleFactory 类。

```
public class AppleFactory implements AbstractFactory {
@ Override
public Phone makePhone() {
        return new IPhone();
    }
}
```

7. 创建用户类，生产手机。

```
public class User {
public static void main(String[] arg) {
        AbstractFactory miFactory = new XiaoMiFactory();
        AbstractFactory appleFactory = new AppleFactory();
        miFactory.makePhone();               // make xiaomi phone!
        appleFactory.makePhone();            // make iphone!
    }
}
```

输出结果：

```
create MiPhone!
create iphone!
```

3.1.4　工厂方法模式关键特征

（1）意图。定义一个用于创建对象的接口，让子类决定实例化哪一个类。将实例化推迟到子类。

（2）问题。一个类需要实例化另一个类的派生类，但不知道是哪一个。工厂方法允许派生类进行决策。

（3）解决方案。派生类对实例化哪个类和如何实例化做出决策。

参与者与协作者：AbstractProduct 是工厂方法所创建的对象类型的接口。AbstactFactory 是定义工厂方法的接口。

（4）效果。客户将需要派生 AbstractProduct，创建出具体的 ConcreteFactory 对象。

（5）实现。在抽象类中的抽象方法需要在实例化对象中引用此方法，但不需要知道具体的对象是哪一个。

工厂方法模式与简单工厂模式的对比

① 工厂方法类的核心是一个抽象工厂类，而简单工厂模式把核心放在一个具体类上。

② 工厂方法模式之所以有一个别名叫多态性工厂模式，是因为具体工厂类都有共同的接口，或者有共同的抽象父类。

系统扩展需要添加新的产品对象时，仅仅需要添加一个具体对象以及一个具体工厂对象，原有工厂对象不需要任何修改，也不需要修改客户端原有的代码，很好的符合了“开放－封闭”原则。而简单工厂在添加新产品对象后，不得不修改工厂方法，扩展性不好。

当需要生成的产品不多且不会增加，一个具体工厂类就可以完成任务时，可删除抽象工厂类。这时工厂方法模式将退化到简单工厂模式。

3.1.5 程序代码

这里我们用生产手机来举例，假设有一个手机的代工生产商，它可以生产 IPhone 和 MiPhone，随着以后的发展，工厂可能会生产更多的产品。

```
AbstractFactory.java
public interface AbstractFactory {
Phone makePhone();
}
AppleFactory.java
public class AppleFactory implements AbstractFactory {
@ Override
public Phone makePhone() {
    return new IPhone();
  }
}
IPhone.java
public class IPhone extends Phone {
public IPhone() {
    this.create();
}
@ Override
```

```
public void create() {
    // TODO Auto - generated method stub
    System.out.println("create iphone!");
  }
}
MiPhone.java
public class MiPhone extends Phone {
public MiPhone() {
    this.create();
}
@ Override
public void create() {
    // TODO Auto - generated method stub
    System.out.println("create MiPhone!");
  }
}
Phone.java
public abstract class Phone {
public abstract void create();
}
User.java
public class User {
public static void main(String[] arg) {
    AbstractFactory miFactory = new XiaoMiFactory();
    AbstractFactory appleFactory = new AppleFactory();
    miFactory.makePhone();           // make xiaomi phone!
    appleFactory.makePhone();         // make iphone!
  }
}
XiaoMiFactory
public class XiaoMiFactory implements AbstractFactory{
@ Override
public Phone makePhone() {
    return new MiPhone();
  }
}
```

练习题 3.1

一、选择题

1. 下列关于静态工厂方法模式与工厂方法模式，表述错误的是（　　）。

A. 两者都满足开闭原则：静态工厂方法模式以 if else 方式创建对象，增加需求时会修改源代码

B. 静态工厂方法模式对具体产品的创建类别和创建时机的判断是混在一起的，这点在工厂方法模式是分开的

C. 不能形成静态工厂方法模式的继承结构

D. 在工厂方法模式中，对于存在继承等级结构的产品树，产品的创建是通过相应等级结构的工厂创建的

2. 工厂方法模式和原型模式之间的区别可以理解为（　　）。

A. 工厂方法模式重新创建一个对象

B. 原型模式重新创建一个对象

C. 工厂方法模式利用现有的对象进行克隆

D. 原型模式利用现有的对象进行克隆

3. 下面属于创建型模式的有（　　）。

A. 桥接（Bridge）模式

B. 工厂方法（Factory Method）模式

C. 策略（Strategies）模式

D. 观察者（Decorator）模式

二、填空题

1. 在__________模式中，父类负责定义创建对象的接口，子类则负责生成具体的对象。

2. 工厂方法模式分为__________、__________、__________三种类型。

3. 工厂方法模式是一个用于帮助分配__________的模式。

4. 工厂方法模式在定义__________的过程中很常用，这是因为框架存在于一个__________的层次上。

5. 工厂方法模式定义一个用于创建对象的__________，让子类决定__________哪一个类。

三、判断题

1. 在工厂方法模式中，子类负责定义创建对象的接口，父类则负责生成具体的对象。（　　）

2. 在工厂方法模式中，对于存在继承等级结构的产品树，产品的创建是通过相应等级结构的工厂创建的。（　　）

3. 工厂方法模式是一个用于帮助分配创建的责任的模式。（　　）

4. 工厂方法模式并不常用于定义框架的过程。（　　）

5. 工厂方法模式是一个很直观的模式，将会不断地重复使用。（　　）

四、名词解释

工厂方法模式。

五、简答题

1. 使用工厂方法模式的主要原因是什么？

2. 工厂方法模式如何被用于模式框架中？

3. 工厂方法模式的目的是什么？效果是什么？

4. 工厂方法模式解决问题的方案是什么？如何实现？

六、论述题

工厂方法模式与其他工厂模式如何配合？

3.2　单例模式

本节介绍另一种常用的对象创建型设计模式——单例（Singleton）模式。本节将介绍以下内容。

- 通过本章的学习了解单例模式。
- 了解单例模式的应用场景及解决方案。
- 了解单例模式在多线程中的应用。
- 给出单例模式的关键特征。

本节需掌握单例模式的概念、应用需求、解决方案、关键特征等。讲解单例模式在多线程中的安全及效率问题。

3.2.1　单例模式应用需求

单例模式是一种常用的软件设计模式，其定义是保证一个类仅有一个实例，并提供一个访问它的全局访问点。在Java中，单例模式定义为一个类有且仅有一个实例，并且自行实例化向整个系统提供。

在计算机系统中，使用单例模式的地方有很多，例如，每台计算机都可以有若干打印机，但只能有一个打印后台处理服务，以免两个打印作业同时输出到打印机中。每台计算机都可以有若干通信端口，系统应当集中管理这些通信端口，以免一个通信端口同时被两个请求调用。总之，选择单例模式就是为了避免对象不一致状态。

3.2.2　单例模式解决方案

在单线程环境下，单例模式有两种经典实现：饿汉式单例和懒汉式单例。当饿汉式单例在单例类被加载时，就实例化一个对象并交给自己的引用；而懒汉式单例只有在真正使用时才会实例化一个对象并交给自己的引用。

（1）饿汉式单例。

```
public class Singleton {
// 指向自己实例的私有静态引用,主动创建
private static Singleton singleton = new Singleton();
// 私有的构造方法
private Singleton(){}
// 以自己实例为返回值的静态的公有方法,静态工厂方法
public static Singleton getSingleton1(){
    return singleton;
  }
}
```

饿汉式单例在类加载时就完成了实例化。类加载的方式是按需加载，且只加载一次。因此，在上述单例类被加载时，就会实例化一个对象并交给自己的引用，供系统使用。而且，由于这个类在整个生命周期中只会被加载一次，因此只会创建一个实例，即能够充分保证单例。这种情况下线程天生就是安全的，但容易造成内存的浪费。

（2）懒汉式单例。

```
public class Singleton {
private static Singleton instance;
private Singleton (){}
public static Singleton getInstance() {
    if (instance = = null) {
       instance = new Singleton();
    }
    return instance;
    }
 }
```

Singleton 通过将构造方法限定为 private 避免了类在外部被实例化，在同一台虚拟机范围内，Singleton 的唯一实例只能通过 getInstance( ) 方法访问。这种情况下单例实例被延迟加载，只有在真正使用时才会实例化一个对象并交给自己的引用，在资源利用方面会更高效，但同时也带来了线程安全的问题。接下来讲解在多线程中是如何解决这个问题的。

3.2.3 单例模式在多线程的应用

通过上面的分析，饿汉式单例模式在类创建时就已经完成了对象的创建，所以该模式是线程安全的。下面主要介绍单例模式在多线程环境下保持线程安全的几种方法。

（1）双重检查锁。考虑线程安全问题，首先会考虑使用 synchronized 加锁，这里使用经典的双重检查锁（Double - Checked Locking）模式。具体代码如下。

```
public class Singleton {
private Singleton() {}  //私有构造函数
private volatile static Singleton instance = null;  //单例对象
//静态工厂方法
public static Singleton getInstance() {
    if (instance = = null) {        //双重检测机制
        synchronized (Singleton.class){  //同步锁
            if (instance = = null) {      //双重检测机制
                instance = new Singleton();
            }
        }
    }
```

```
        return instance;
    }
}
```

这里有两个地方需要重点注意：一是双重检测机制；二是关键字 volatile 的作用。使用双重检测机制进行了两次判断，这种方式在保证线程安全的情况下同时保持高性能。必须使用关键字 volatile 的原因，我们分以下两步来阐述。

① 在 Java 内存模型中，关键字 volatile 的作用是保证可见性或者禁止指令重排。这里是因为 singleton = new Singleton()，它并非是一个原子操作。事实上，在 JVM 中上述语句至少做了以下三步。

第一步：给 singleton 分配内存空间。

第二步：开始调用 singleton 的构造函数等，并初始化 singleton。

第三步：将 singleton 对象指向分配的内存空间（执行完这步，singleton 就不是 null 了）。

这里需要留意一下这三步的顺序，因为存在指令重排序的优化，也就是说第二步和第三步的顺序是不能保证的，最终的执行顺序可能是 1－2－3，也可能是 1－3－2。

② 指令重排序如图 3－3 所示。

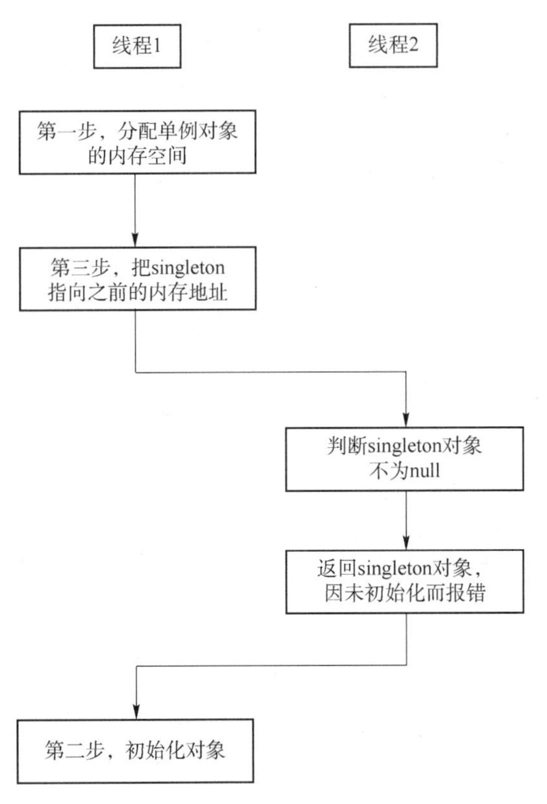

图 3－3 指令重排序图

线程 1 首先执行新建实例的第一步，也就是分配单例对象的内存空间，由于线程 1 被重排序，所以执行了新建实例的第三步，也就是把 singleton 指向之前分配出来的内存地址，在执行第三步之后，singleton 对象便不再是 null。

这时线程 2 进入 getInstance 方法，若判断 singleton 对象不是 null，则紧接着线程 2 就返回 singleton 对象并使用，因为没有初始化，所以程序报错了。最后，线程 1“姗姗来迟”，才开始执行新建实例的第二步——初始化对象，可是这时进行初始化已经晚了，因为前面已经报错了。

显然，一旦程序在执行过程中发生了上述情形，就会造成灾难性的后果，而这种安全隐患正是由指令重排序问题导致的。使用关键字 volatile 正好可以完美地解决这个问题。

（2）静态内部类。

```
public class Singleton {
private Singleton(){
}
public static Singleton getInstance(){
    return Inner.instance;
}
private static class Inner {
    private static final Singleton instance = new Singleton();
    }
 }
```

只有在第一次调用 getInstance 方法时，虚拟机才加载 Inner 并初始化 instance ，只有一个线程可以获得对象的初始化锁，其他线程无法进行初始化，保证对象的唯一性。目前此方式是所有单例模式中最推荐的模式，但具体情况中还是要根据具体项目进行选择。

（3）枚举。

```
public enum Singleton {
INSTANCE;
}
```

这种方式是 Josh Bloch 提倡的一种方式，该方式不仅能避免多线程同步问题，还自动支持序列化机制，防止反序列化重新创建新的对象，防止多次实例化。

表 3－1 给出多线程情况下单例模式三种方式的特点。

表 3－1　多线程情况下单例模式三种方式的特点

单例模式	是否线程安全	是否懒加载	是否防止反射构建
双重检查锁	是	是	否
静态内部类	是	是	否
枚举	是	否	是

3.2.4　单例模式关键特征

（1）意图。保证一个类仅有一个实例，并提供一个访问它的全局访问点。

（2）主要解决。一个全局使用的类频繁地创建与销毁。

（3）解决方案。保证一个实例，参与者与协作者：Client 对象只能通过 getInstance 方法创建 Singleton 实例。

（4）效果。Client 对象无须操心是否已经存在 Singleton 实例，这是由 Singleton 自己控制的。

3.2.5　程序代码

（1）饿汉式单例的程序代码如下。

```
public class Singleton {
// 指向自己实例的私有静态引用,主动创建
private static Singleton singleton = new Singleton();
// 私有的构造方法
private Singleton(){}
// 以自己实例为返回值的静态公有方法,静态工厂方法模式
public static Singleton getSingleton1(){
    return singleton;
  }
}
```

（2）懒汉式单例的程序代码如下。

```
public class Singleton {
private static Singleton instance;
private Singleton (){}
public static Singleton getInstance() {
    if (instance = = null) {
        instance = new Singleton();
    }
    return instance;
  }
}
```

（3）双重检查锁的程序代码如下。

```
public class Singleton {
private Singleton() {}  //私有构造函数
private volatile static Singleton instance = null;  //单例对象
//静态工厂方法模式
public static Singleton getInstance() {
    if (instance = = null) {        //双重检测机制
        synchronized (Singleton.class){  //同步锁
            if (instance = = null) {      //双重检测机制
                instance = new Singleton();
            }
        }
```

```
        }
        return instance;
    }
}
```

（4）静态内部类的程序代码如下。

```
public class Singleton {
private Singleton(){
}
public static Singleton getInstance(){
    return Inner.instance;
}
private static class Inner {
    private static final Singleton instance = new Singleton();
  }
}
```

（5）枚举的程序代码如下。

```
public enum Singleton {
INSTANCE;
}
```

练习题 3.2

一、选择题

1. 单例模式适用于（　　）。

A. 当类有多个实例，而且客户可以从一个众所周知的访问点访问它时

B. 当这个唯一实例应该是通过子类化可扩展的，并且客户应该无须更改代码就能使用一个扩展的实例时

C. 当构造过程必须允许被构造的对象有不同的表示时

D. 当生成一批对象时

2. 保证一个类仅有一个实例，并提供一个访问它的全局访问点。这句话是对下列哪种模式的描述（　　）。

A. 外观（Facade）模式　　B. 策略（Strategies）模式

C. 适配器（Adapter）模式　　D. 单例（Singleton）模式

3. 单例模式的作用是（　　）。

A. 当不能采用生成子类的方法进行扩充时，动态地给一个对象添加一些额外的功能

B. 为系统中的一组功能调用提供一个一致的接口，这个接口使该子系统更加容易使用

C. 保证一个类仅有一个实例，并提供一个访问它的全局访问点

D. 单例模式仅应用于多线程应用程序中

4. 下面不属于结构型模式的有（　　）。

A. 适配器（Adapter）模式　　B. 单例（Singleton）模式

C. 桥接（Bridge）模式　　D. 装饰（Decorator）模式

5. 单例模式的意图是（　　）。

A. 定义一系列的算法，把它们一个个封装起来，并且使它们可相互替换

B. 为一个对象动态连接附加的职责

C. 希望只拥有一个对象，但不用全局对象来控制对象的实例化

D. 在对象之间定义一种一对多的依赖关系，这样当一个对象的状态改变时，所有依赖它的对象都将得到通知并自动更新

二、填空题

1. ______________模式确保某个类仅有一个实例，并自行实例化向整个系统提供这个实例。

2. 模式只应在有真正的“单一实例”的需求时才可使用。

3. 单例模式属于______________模式。

4. 单例模式和双重检查锁模式都用于确保一个特定的类只有一个______________被______________。

5. 单例模式用于__________应用程序，采用双重检查锁的单例模式用于__________应用程序。

三、判断题

1. 单例模式确保某个类具有多个实例，并自行实例化向整个系统提供这个实例。（　　）

2. 单例模式适用于当类只能有一个实例而且客户可以从一个众所周知的访问点访问它时。（　　）

3. 双重检查锁模式既可以用于单线程应用程序，又能应用于多线程应用程序。（　　）

4. 单例模式的工作方式是拥有一个特定的方法，这个方法被用于实例化需要的对象。（　　）

5. 单例模式属于结构性模式。（　　）

四、名词解释

单例模式。

五、简答题

1. 单例模式是怎样工作的？

2. 描述单例模式的意图以及效果。

3. 单例模式的解决方案是如何实现的？

4. 画出单例模式的标准简化视图。

六、论述题

分析单例模式在多线程环境下的解决方案及其安全性。

3.3 抽象工厂模式

本节介绍一种常见的对象创建型设计模式——抽象工厂（Abstract Factory）模式。本节将介绍以下内容。

➢ 了解抽象工厂模式。

➢ 了解抽象工厂模式的应用场景。

➢ 学会使用抽象工厂模式为简单的子系统构造接口。

本节需掌握抽象工厂模式的概念、应用需求、解决方案、关键特征等。熟练掌握应用抽象工厂模式和工厂方法模式配合使用的效果。

3.3.1 抽象工厂模式应用需求

在工厂方法模式中，具体的工厂负责生产具体的产品，每个具体工厂都对应一种具体产品。一般情况下，一个具体工厂中只有一个工厂方法模式或者一组重载的工厂方法模式，这样可能会导致系统中存在大量的工厂类，势必会增加系统的开销。而这些产品之间是有一定联系的，可以考虑将一些相关的产品组成一个“产品族”，由同一个工厂来统一生产，这就是本节将要学习的抽象工厂模式的基本思想。

我们来看一个生活中的例子——组装计算机。当我们选择组装计算机时，通常会选择一系列的配件，如CPU、显卡、硬盘、内存条、主板、电源、机箱、散热器等。不同类型的设备会存在是否兼容的问题，这里我们以 CPU 和主板为例。熟悉组装计算机的人应该知道CPU 和主板之间有相互配套的关系，如接口是否一致、前端总线、超频等问题。市面上最基本的 CPU 制造商有 Intel 和 AMD 两家，AMD 和 Intel 的 CPU 需要搭配各自匹配的主板，两家的产品不通用。也就是说，使用 Intel 的 CPU 就必须选择可以支持 Intel 处理器的主板。使用 AMD 的 CPU 就必须选择可以支持 AMD 处理器的主板。

对于装机工程师而言，只知道组装一台计算机，需要相应的配件，但是具体使用什么样的配件，还得由客户决定。也就是说，装机工程师只是负责组装，而客户负责选择装机所需要的具体的配件。因此，当装机工程师为不同的客户组装计算机时，只需要根据客户的装机方案，去获取相应的配件，然后组装即可。

3.3.2 抽象工厂模式解决方案

（1）使用 switch 语句的解决方案，具体程序代码如下。

```
class Config {
public void CpuApi {
        switch (type) {
        case 1:
          //使用 InterCpu
        case 2:
          //使用 AmdCpu
      }
}
public void MainboardApi {
        switch (type) {
        case 1:
          //使用 InterMainboard
```

```
        case 2:
          //使用 AmdMainboard
      }
  }
```

上面的实现使用 switch 语句选择使用 CPU 与主板，虽然能达到目的，但是存在一些问题。选择哪种 CPU 与主板的组合和实际使用的规则，也就是装机工程师与客户的职责混在一起，在耦合度和内聚性上都存在问题。

这是因为在代码上依赖具体实现类，导致内部耦合。如果熟悉多态和前面讲到的工厂方法模式，考虑将工程师与客户的职责进行解耦，应该使用工厂方法模式进行改造。

(2) 使用简单工厂模式的解决方案。考虑客户的需求，需要选择自己需要的 CPU 和主板，然后告诉装机工程师自己的选择，接下来就等着装机工程师组装计算机了。

对装机工程师而言，只是知道 CPU 和主板的接口，而不知道具体实现，很明显可以用简单工厂模式或工厂方法模式。这里以简单工厂模式为例。客户告诉装机工程师自己的选择，然后装机工程师会通过相应的工厂去获取相应的实例对象。

图 3－4 是简单工厂模式结构图。

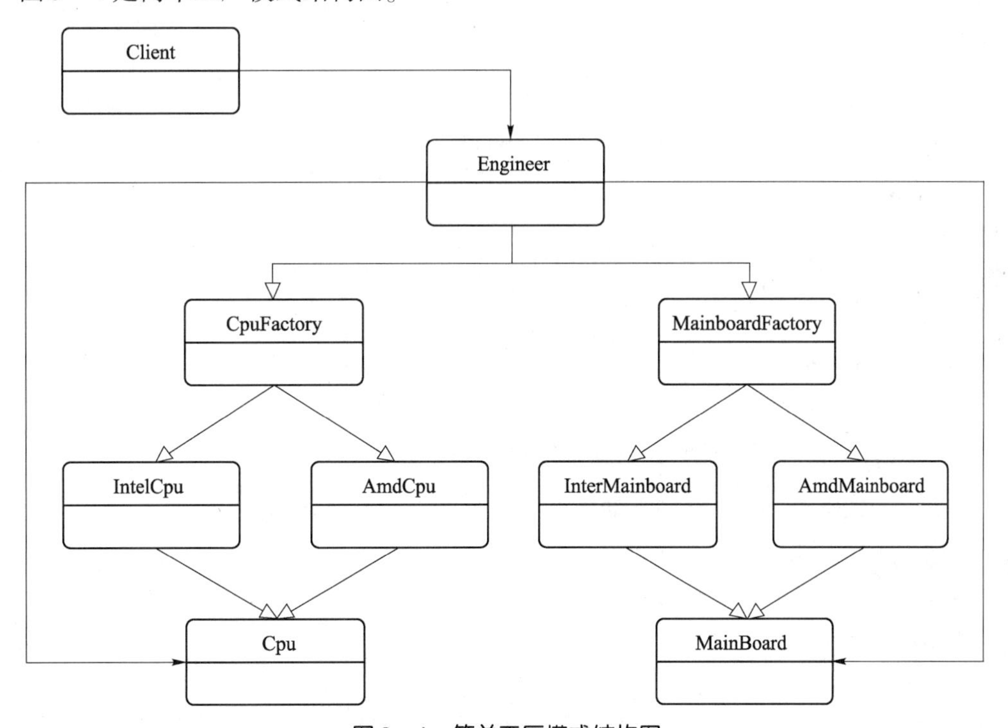

图 3－4 简单工厂模式结构图

在图 3－3 中，客户端告诉装机工程师自己的选择，然后装机工程师会通过相应的工厂去获取相应的实例对象。

创建 Cpu 工厂，负责不同类型 Cpu 的创建，具体程序代码如下。

```
public class CpuFactory {
    public static Cpu createCPU(int type) {
        switch (type) {
```

```
            case 1:
                return new IntelCpu();
            case 2:
                return new AmdCpu();
            default:
                break;
            }
            return null;
        }
    }
```

创建 Mainboard 工厂，负责不同类型 Mainboard 的创建，具体程序代码如下。

```
public class MainBoardFactory {
    public static Mainboard createMainBoard(int type) {
        switch (type) {
        case 1:
            return new IntelMainboard();
        case 2:
            return new AmdMainboard();
        default:
            break;
        }
        return null;
    }
}
```

装机工程师负责组装计算机，具体程序代码如下。

```
public class ComputerEngineer {
    private Cpu cpu = null;
    private Mainboard mainboard = null;
    public void makeComputer(){
    }
}
```

客户端实现，具体程序代码如下。

```
public class Client {
    public static void main(String[]args){
        //创建装机工程师对象
        ComputerEngineer cf = new ComputerEngineer();
        //告诉装机工程师自己选择的产品,让装机工程师组装计算机
```

```
        cf.makeComputer(af);
    }
}
```

在上面的实例中，对装机工程师而言，只知CPU和主板的接口，而不知道具体实现的问题。虽然通过简单工厂方法模式解决了该问题，但还有一个问题没有解决。那就是这些CPU对象和主板对象其实是有关系的，需要相互匹配。例如，客户选择了Intel的CPU和AMD的主板，这是无法使用的，而上面的实例中，并没有维护这种关联关系。

每种模式都针对一定问题的解决方案。抽象工厂模式与工厂方法模式的最大区别就在于，工厂方法模式针对的是一个产品等级结构，而抽象工厂模式则需要面对多个产品等级结构。

在学习抽象工厂具体实例前，应该明白两个重要的概念：产品族和产品等级结构。

产品族：在抽象工厂模式中，产品族是指位于不同产品等级结构中，功能相关联的产品组成的家族。如AMD的主板、芯片组、CPU组成一个家族，Intel的主板、芯片组、CPU组成一个家族。

产品等级结构：产品等级结构即产品的继承结构，一个产品等级结构由相同结构的产品组成，如CPU类的子类有AmdCpu、IntelCpu等。

图3－5是产品族和产品等级结构示意图。

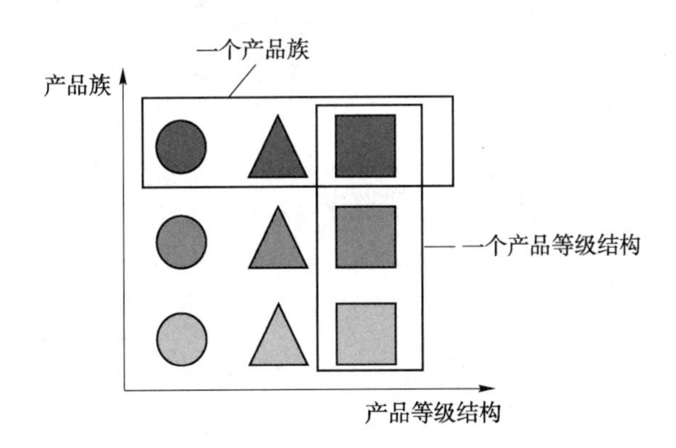

图3－5　产品族和产品等级结构示意图

在图3－4中，不同颜色的多个圆形、三角形、正方形分别构成了三个不同的产品等级结构，而相同颜色的圆形、三角形、正方形则构成一个产品族，每个对象都位于某个产品族，并属于某个产品等级结构。

显然，每个产品族中含有产品的数目与产品等级结构中的产品数目是相等的。产品的等级结构与产品族将产品按照不同方向划分，形成一个二维坐标系。横轴表示产品的等级结构，纵轴表示产品族。图3－4共有两个产品族，分布于三个不同的产品等级结构中。只要指明一个产品所处的产品族及它所属的等级结构，就可以唯一地确定这个产品。

图3－4中的三个不同的产品等级结构具有平行结构。因此，若采用工厂方法模式，则势必要使用三个独立的工厂等级结构来对付这三个产品等级结构。由于这三个产品等级结构具有相似性，因此会构建三个平行的工厂等级结构。随着产品等级结构数目的增加，工厂方

法模式所给出的工厂等级结构的数目也会随之增加。

那么，是否可以使用同一个工厂等级结构来对付这些相同或者极为相似的产品等级结构呢？当然可以，而且这就是抽象工厂模式的好处。当系统提供的工厂所需生产的具体产品并不是一个简单的对象而是多个位于不同产品等级结构中不同类型产品时，可以使用抽象工厂模式，抽象工厂模式是所有形式的工厂模式中最为抽象和最具一般性的一种形态。此时，使用抽象工厂模式比简单工厂模式或者工厂方法模式更简单、更有效。

（3）应用抽象工厂模式。抽象工厂模式是一种为访问类提供一个创建一组相关或相互依赖对象的接口，且访问类无须指定所要产品的具体类就能得到同族的不同等级的产品的模式结构。抽象工厂模式是工厂方法模式的升级版本，工厂方法模式只生产一个等级的产品，而抽象工厂模式可生产多个等级的产品。使用抽象工厂模式一般要满足以下条件。

➢ 系统中有多个产品族，每个具体工厂创建同一产品族但属于不同等级结构的产品。

➢ 系统一次只可能消费其中某一族产品，即同族的产品共同使用。

回到刚才的问题，配置计算机中 CPU 和主板的匹配问题就属于相互依赖的情况。这时，使用抽象工厂模式就更为方便，客户选择时不会出现 CPU 与主板不匹配的情况。

抽象工厂模式结构图如图 3－6 所示，由于这两个产品族的等级结构相同，因此使用同一个工厂族也可以处理这两个产品族的创建问题，这就是抽象工厂模式。可以看出，每个工厂角色都有两个工厂方法，分别负责创建分属不同产品等级结构的产品对象。

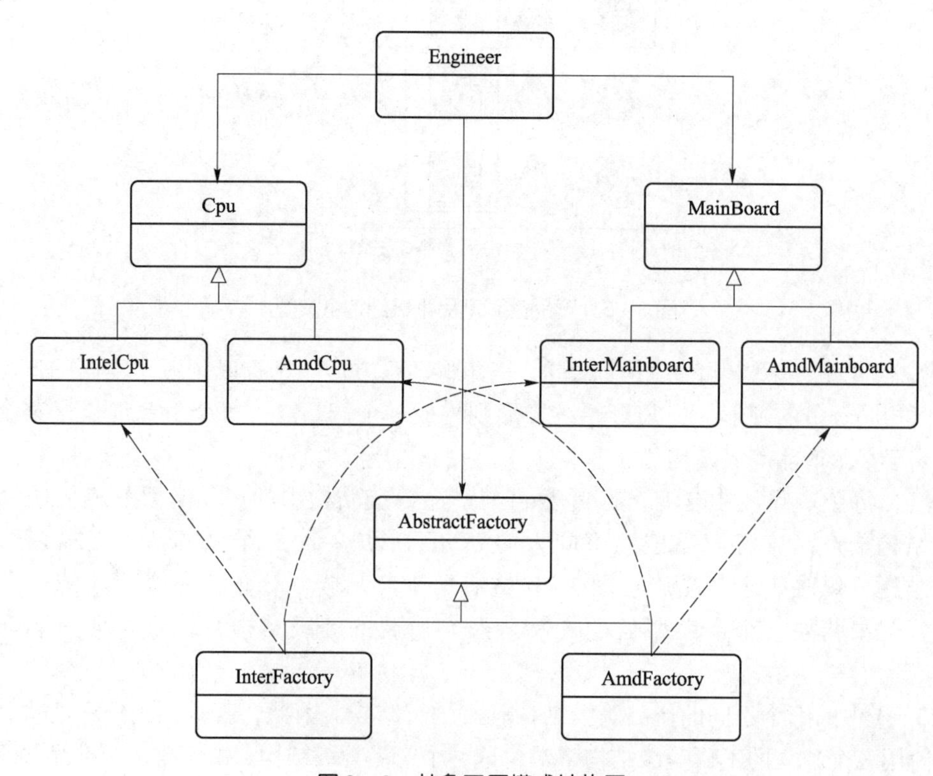

图 3－6　抽象工厂模式结构图

关键程序代码如下。

```
//抽象工厂，定义创建一系列产品对象的操作接口
publicinterface AbstractFactory {
    /**
     * 创建CPU对象
     * @ return CPU对象
     * /
    public Cpu createCpu();
    /**
     * 创建主板对象
     * @ return 主板对象
     * /
    public Mainboard createMainboard();
}
//具体的工厂实现对象,实现创建具体的产品对象的操作
```

AMD工厂实现，具体程序代码如下。

```
public classAmdFactory implements AbstractFactory {
    @ Override
    public Cpu createCpu() {
        // TODO Auto - generated method stub
        return new IntelCpu();
    }
    @ Override
    public Mainboard createMainboard() {
        // TODO Auto - generated methodstub
        return new IntelMainboard();
    }
}
```

Intel工厂实现，具体程序代码如下。

```
class IntelFactory implements AbstractFactory {
    @ Override
    public Cpu createCpu() {
        // TODO Auto - generated method stub
        return new IntelCpu();
    }
    @ Override
    public Mainboard createMainboard() {
      // TODO Auto - generated method stub
```

```
            return new IntelMainboard();
        }
    }
```

新加入了抽象工厂类和实现类。通过为每种可能情况设一个具体类，实现了抽象工厂模式，这里是 AMD 系列和 Intel 系列两种情况，这是一种重要的建模方法。在这种模式中：

➢ 客户对象只需要知道向谁请求所需的对象和如何使用这些对象。

➢ Abstract Factory 类通过为每个不同类型的对象定义一个方法，来指定实例化哪个对象。一般来说，对于每种必须实例化的对象，Abstract Factory 对象都有一个相应的方法。

➢ 具体的工厂对象来指定哪些对象要实例化。

这样就避免了单独去选择 CPU 和主板所带来的兼容性问题。

抽象工厂模式的功能是为一系列相关对象或相互依赖的对象创建一个接口。我们应注意，这个接口内的方法不是任意堆砌的，而是一系列相关或相互依赖的方法。例如，主板和 CPU 都是为了组装一台计算机的相关对象，不同的装机方案代表一种具体的计算机系列。

3.3.3 抽象工厂模式应用效果

抽象工厂模式为我们提供了一种新的分解方法，即根据职责分解。使用这种方法可以将问题分解成：

➢ 谁在使用特定对象。

➢ 谁来决定使用哪些特定的对象。

抽象工厂模式定义的一系列对象通常是相关或相互依赖的，这些产品对象就构成了一个产品族，也就是抽象工厂模式定义了一个产品族。

这就带来非常高的灵活性，在切换产品族时，只要提供不同的抽象工厂实现就可以了，也就是说，现在是以一个产品族作为一个整体被切换的。在这个例子中，用户可以选择系列，这样就不会出现不匹配的情况。

抽象工厂模式的优点如下。

（1）抽象工厂模式将产品族的依赖与约束关系放到抽象工厂中，便于管理。

（2）职责解耦，用户无须关心组件的创建，而是由抽象工厂来负责。

（3）切换产品族容易，只需要增加一个具体工厂实现，客户端选择另一个系列就可以了。

抽象工厂模式的缺点如下。

在添加新产品对象时，难以扩展抽象工厂来生产新种类的产品，这是因为在抽象工厂中规定了所有可能被创建的产品集合，要支持新种类的产品就意味着对该接口进行扩展，这会对抽象工厂角色及所有子类进行修改，显然不太方便。

3.3.4 抽象工厂模式关键特征

（1）意图。为特定的客户提供用户组。

（2）主要解决。主要解决接口选择的问题。

（3）解决方案。协调对象组的创建。提供一种方式，将如何执行对象实例化的规则从使用这些对象的客户对象中提取出来。

(4) 参与者与协作者。抽象工厂模式为如何创建对象组的每个成员定义接口。一般每个组都会由具体工厂进行创建。

(5) 效果。职责分离，对象的逻辑关系和对象的创建相互分离。

(6) 使用场景。

① 适用于产品之间相互关联、相互依赖且相互约束的地方。

② 需要动态切换产品族的地方。

3.3.5 抽象工厂模式扩展

1. 开闭原则的倾斜性

在抽象工厂模式中，增加新的产品族很方便，但是增加新的产品等级结构很麻烦，抽象工厂模式的这种性质称为开闭原则的倾斜性。开闭原则要求系统对扩展开放、对修改封闭，通过扩展达到增强其功能的目的。对于涉及多个产品族与多个产品等级结构的系统，其功能增强包括以下两个方面。

(1) 增加产品族：对于增加新的产品族，抽象工厂模式很好地满足了开闭原则，只需要增加具体产品并对应增加一个新的具体工厂，对已有代码无须做任何修改。

(2) 增加新的产品等级结构：对于增加新的产品等级结构，需要修改所有的工厂角色，包括抽象工厂类，在所有的工厂类中都需要增加生产新产品的方法，这违背了开闭原则。

正因为抽象工厂模式存在开闭原则的倾斜性，故它以一种倾斜的方式来满足开闭原则，为增加新产品族提供方便，但不能为增加新产品结构提供这样的方便，因此要求程序设计人员在设计之初就能够全面考虑，不会在设计完成之后向系统中增加新的产品等级结构，也不会删除已有的产品等级结构，否则将会导致系统出现较大的修改，为后续的维护工作带来诸多麻烦。

2. 工厂模式的退化

当抽象工厂模式中每个具体工厂类只创建一个产品对象，也就是只存在一个产品等级结构时，抽象工厂模式退化成工厂方法模式；当工厂方法模式中抽象工厂与具体工厂合并，提供一个统一的工厂来创建产品对象，并将创建对象的工厂方法设计为静态方法时，工厂方法模式退化成简单工厂模式。

3.3.6 程序代码

(1) CPU 接口与具体实现，具体程序代码如下。

```
public interface Cpu {
    public void Cpu();
}
class IntelCpu implements Cpu {
    @ Override
    public void Cpu() {
        // TODO Auto - generated method stub
        System.out.println("Intel CPU");
```

```
    }
}
public class AmdCpu implements Cpu {
    @ Override
    public void Cpu() {
        // TODO Auto - generated method stub
        System.out.println("AMD CPU");
    }
}
```

（2）主板接口与具体实现，具体程序代码如下。

```
publicinterface Mainboard {
    public void Mainboard();
}
class IntelMainboard implements Mainboard {
    @ Override
    public void Mainboard() {
        // TODO Auto - generated method stub
        System.out.println("InterMainboard");
    }


}
public class AmdMainboard implements Mainboard {
    @ Override
    public void Mainboard() {
        System.out.println("AMD Mainboard:");
    }
}
```

（3）抽象工厂类和具体工厂类，具体程序代码如下。

```
public interface AbstractFactory {
    /**
     * 创建 CPU 对象
     * /
    public Cpu createCpu();
    /**
     * 创建主板对象
     * /
    public Mainboard createMainboard();
}
```

```
class IntelFactory implements AbstractFactory {
    @ Override
    public Cpu createCpu() {
        // TODO Auto - generated method stub
        return new IntelCpu();
    }
    @ Override
    public Mainboard createMainboard() {
        // TODO Auto - generated method stub
        return new IntelMainboard();
    }
}
public class AmdFactory implements AbstractFactory {
    @ Override
    public Cpu createCpu() {
        // TODO Auto - generated method stub
        return new IntelCpu();
    }
    @ Override
    public Mainboard createMainboard() {
        // TODO Auto - generated method stub
        return new IntelMainboard();
    }
}
```

(4) 工程师类，具体程序代码如下。

```
public class ComputerEngineer {
    private Cpu cpu = null;
    private Mainboard mainboard = null;
    public void makeComputer(AbstractFactory af){
        prepareHardwares(af);
    }
    private void prepareHardwares(AbstractFactory af){

        this.cpu = af.createCpu();
        this.mainboard = af.createMainboard();
        this.cpu.Cpu();
        this.mainboard.Mainboard();
    }
}
```

(5) Client 类，具体程序代码如下。

```
public class Client {
    public static void main(String[]args){
        //创建装机工程师对象
        ComputerEngineer cf = new ComputerEngineer();
        //客户选择并创建需要使用的产品对象
        AbstractFactory af = new IntelFactory();
        //告诉装机工程师自己选择的产品,让装机工程师组装计算机
        cf.makeComputer(af);
    }
}
```

输出结果如下。

```
Intel CPU
InterMainboard
```

练习题 3.3

一、选择题

1. 静态工厂的核心角色是（　　）。

A. 抽象产品

B. 具体产品

C. 静态工厂

D. 消费者

2. 以下属于创建型模式的是（　　）。

A. 抽象工厂（Abstract Factory）模式

B. 装饰（Decorator）模式

C. 外观（Facade）模式

D. 桥接（Bridge）模式

二、填空题

1. __________模式提供了一系列相关或相互依赖对象的接口而无须指定它们具体的类。

2. 工厂模式分为__________、__________、__________三种类型。

3. __________模式就是用来解决这类问题的，即要创建一组相关或者相互依赖的对象。

4. __________模式强调的是为创建（多个相互依赖）的对象提供一个统一的接口。

5. 我们可以使用__________模式，不同应用程序都使用同一子系统。

6. __________意图提供一个创建一系列相关或相互依赖对象的接口，而无须指定它们具体的类。

7. __________适用于一个系统要独立于它的产品的创建、组合和表示时。

三、判断题

1. 抽象工厂模式提供了一系列相关或相互依赖对象的接口且必须指定它们具体的类。（　）
2. 抽象工厂模式确保系统总能根据当前的情况获得合适的对象。（　）
3. 在抽象工厂模式中，客户对象不需要知道“向谁请求需要的对象”和“如何使用这些对象”。（　）
4. 典型情况下，一个抽象工厂对象将针对每种必须实例化的对象拥有一个方法。（　）
5. 决定需要哪个工厂对象，实际上是判断需要哪个系列的对象。（　）

四、简答题

1. 抽象工厂模式的三个关键策略是什么？
2. 采用抽象工厂模式的效果是什么？
3. 如何获得正确的工厂对象？
4. 在抽象工厂模式中，对象的角色是什么？

五、论述题

1. 如何理解在工厂方法模式中有 switch 语句就往往说明需要抽象工厂模式？
2. 给出抽象工厂模式的应用场景，并举例说明抽象工厂模式和工厂方法模式是如何协调来解决问题的，并画出相应的类图。

3.4　原型模式

本节将介绍一种常用的对象创建型设计模式——原型（Prototype）模式。本节将介绍以下内容。

- 学习了解原型模式。
- 了解原型模式的应用场景及深拷贝和浅拷贝。
- 学习原型模式在 Java 中的应用。
- 原型模式的关键特征。

本节需掌握原型模式的概念、应用需求、解决方案、关键特征等，体会原型模式在使用中的利弊关系。

3.4.1　原型模式

原型模式的定义：使用原型实例指定创建对象的类型，并且通过复制这个原型对象创建新的对象。

原型模式实际上就是从一个对象再创建另外一个可定制的对象，而且不需要知道任何创建的细节。在初始化的信息不发生变化的情况下，克隆是最好的办法，既隐藏了对象创建的细节，又大大提高了性能。因为如果不用克隆，每次创建都需要执行一次构造函数，如果构造函数的执行时间很长，那么多次的执行初始化操作就太低效了。例如，一个对象需要在一个高代价的数据库操作之后被创建，可以缓存该对象，在下一个请求时返回它的克隆，在需要时更新数据库，以此来减少数据库调用。

使用原型模式的另一个好处是简化对象的创建，使创建对象过程很简单。

基于以上优点，在需要重复地创建相似对象时可以考虑使用原型模式。例如，需要在一个循环体内创建对象，若对象创建过程比较复杂或者循环次数很多，则使用原型模式不但可以简化创建过程，而且可以使系统的整体性能提高很多。

图 3－7 是原型模式类图。

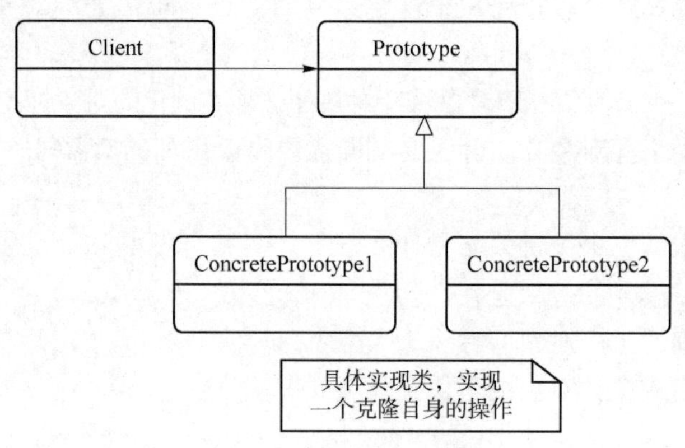

图 3－7　原型模式类图

由图 3－6 可知，原型模式类图共有三个角色。

（1）客户（Client）角色：客户类提出创建对象的请求，也就是用户使用复制粘贴的功能。

（2）抽象原型（Prototype）角色：此角色定义了具体原型类所需的实现方法，也就是定义一个文件，说明它具有被克隆复制的功能。

（3）具体原型（Concrete Prototype）角色：实现抽象原型角色的克隆接口，即文件实现了可以被复制的功能。

我们发现，其实原型模式的核心就是抽象原型，它需要继承 Cloneable 接口，并且重写 Object 类中的 clone( ) 方法才能具有复制粘贴的功能。

3.4.2　原型模式的应用

抽象原型模式中实现过程中的难题就是内存复制操作，但是 Java 中提供了 clone( ) 方法解决了这一难题。因此在 Java 中可以直接使用 Object 提供的 clone( ) 方法来实现对象的克隆，Java 语言中的原型模式实现很简单。需要注意的是，能够实现克隆的 Java 类必须实现一个标识接口 Cloneable，表示这个 Java 类支持被复制。若一个类没有实现这个接口但是调用了 clone( ) 方法，Java 编译器将显示 CloneNotSupportedException 异常。

下面我们创建一个抽象类并扩展其实体类，即图形类与圆形、矩形、三角形。在请求这些实体类时返回它们的克隆。

1. shape 类

创建一个实现了 Cloneable 接口的抽象类。

```
package com.Prototype;
public abstract class Shape implements Cloneable {
    private String id;
    protected String type;
```

```
    public abstract void draw();
    public String getId() {
        return id;
    }
    public void setId(String id) {
        this.id = id;
    }
    public String getType() {
        return type;
    }
    @ Override
    public Shape clone() {
        Shape prototype = null;
        try {
            prototype = (Shape) super.clone();
        } catch (CloneNotSupportedException e) {
            e.printStackTrace();
        }
        return prototype;
        }
    }
```

2. 实现类

创建扩展抽象类的实现类。

(1) Circle。

```
public class Circle extends Shape {
    public Circle() {
        type = "圆形";
    }
    @ Override
    public void draw() {
        System.out.println("圆形类的 draw 方法");
    }

}
```

(2) Rectangle。

```
public class Rectangle extends Shape {

    public Rectangle() {
```

```
        type = "矩形";
    }

    @ Override
    public void draw() {
        System.out.println("矩形类的 draw 方法");
    }

}
```

(3) Triangle。

```
public class Triangle extends Shape {
    public Triangle() {
        type = "三角形";
    }
    @ Override
    public void draw() {
        System.out.println("三角类的 draw 方法");
    }

 }
```

3. ShapeCache 类

```
public class ShapeCache {
    private static Hashtable < String, Shape > shapeMap = new Hashtable < >
();
    public static Shape getShape(String shapeId) {
        Shape shape = shapeMap.get(shapeId);
        return shape.clone();
    }
    //添加三种图形
    public static void loadCache() {
        Circle circle = new Circle();
        circle.setId("1");
        shapeMap.put(circle.getId(), circle);
        Triangle triangle = new Triangle();
        triangle.setId("2");
        shapeMap.put(triangle.getId(), triangle);
        Rectangle rectangle = new Rectangle();
        rectangle.setId("3");
```

```
        shapeMap.put(rectangle.getId(), rectangle);
    }
}
```

4. Client 客户端

```
public class Client {
    public static void main(String[] args) {
        ShapeCache.loadCache();
        Shape clonedShape = ShapeCache.getShape("1");
        System.out.println("图形:" + clonedShape.getType());
        Shape clonedShape2 = ShapeCache.getShape("2");
        System.out.println("图形:" + clonedShape2.getType());
        Shape clonedShape3 = ShapeCache.getShape("3");
        System.out.println("图形:" + clonedShape3.getType());

    }

}
```

输出结果如下。

```
图形:圆形
图形:三角形
图形:矩形
```

3.4.3 浅拷贝和深拷贝

1. **浅拷贝**（Shallow Clone）

被复制对象的所有变量都含有与原对象相同的值，而且对其他对象的引用仍然是指向原来的对象。即浅拷贝只负责当前对象实例，对引用的对象不做拷贝。

举个例子：设计一个客户类 Customer，其中客户地址存储在地址类 Address 中，用浅拷贝和深拷贝分别实现 Customer 对象的拷贝。

（1）地址类：Address。

```
class Address{
private String country;
private String province;
private String city;
@ Override
public String toString() {
    return "Address [country=" + country + ", province=" + province
            + ", city=" + city + "]";
```

```
    }
    public Address(String country, String province, String city) {
        super();
        this.country = country;
        this.province = province;
        this.city = city;
    }
}
```

(2) 客户类：Customer。

```
class Customer implements Cloneable{
public int ID;
public int age;
public Address address;
public Customer(int iD, int age, Address address) {
    super();
    ID = iD;
    this.age = age;
    this.address = address;
}
@ Override
public String toString() {
    return "Customer [ID=" + ID + ", age=" + age + ", address=" + ad-
dress
            + "]";
}
@ Override
public Customer clone() throws CloneNotSupportedException {
    return (Customer) super.clone();
}
}
```

(3) 测试类：Test。

```
public class Test{

public static void main(String[] args) throws CloneNotSupportedException
{
    Address address = new Address("CH" , "SX" , "XA");
    Customer customer1 = new Customer(1 , 23 , address);
    Customer customer2 = customer1.clone();
```

```
        customer2.getAddress().setCity("BJ");
        customer2.setID(2);
        System.out.println("customer1:" + customer1.toString());
        System.out.println("customer2:" + customer2.toString());
    }
}
```

输出结果如下。

```
customer1:Customer [ID=1, age=23, address=Address [country=CH, province=SX, city=BJ]]
customer2:Customer [ID=2, age=23, address=Address [country=CH, province=SX, city=BJ]]
```

由输出结果可以看到，customer2 修改了 ID 后没有影响到 customer1，但是修改了 customer2 的 address 属性的 city 值为 BJ 后，发现 customer1 的 address 值也发生了改变。这样就没有达到完全拷贝、相互之间完全没有影响的目的，这样就需要进行深拷贝操作。

2. 深拷贝（Deep Clone）

被复制对象的所有变量都含有与原来对象相同的值，除了引用其他对象的变量。引用其他对象的变量将指向一个被复制的新对象，而不再是原有被引用对象。即深拷贝把要复制的对象所引用的对象也都复制了一次。

深拷贝的实现就是在引用类型所在的类实现 Cloneable 接口，并使用 public 访问修饰符重写 clone()方法。

对上面的代码做以下修改。

（1）Address 类实现 Cloneable 接口，重写 clone()方法。

```
    @Override
public Address clone() throws CloneNotSupportedException {
    return (Address) super.clone();
}
```

（2）在 Customer 类的 clone()方法中调用 Address 类的 clone()方法。

```
    @Override
public Customer clone() throws CloneNotSupportedException {
   Customer customer = (Customer) super.clone();
    customer.address = address.clone();
    return customer;
}
```

测试类不变，修改后的输出结果如下。

```
customer1:Customer [ID=1, age=23, address=Address [country=CH, province=SX, city=XA]]
```

customer2:Customer [ID=2, age=23, address=Address [country=CH, province=SX, city=BJ]]

此时，无论如何修改 customer2，都不会影响 customer1。也就是复制后的对象与原对象之间完全不会影响。

3.4.4 原型模式关键特征

（1）意图。原型模式是一种创建型设计模式，使用户能够复制已有对象，而又无须使代码依赖它们所属的类。

（2）主要解决。在运行期间建立和删除原型。

（3）解决方案。支持复制的对象（原型）。当对象有几十个成员变量和几百种类型时，若对其进行复制则可以代替子类的构造。

（4）应用实例。

① 细胞分裂。

② Java 中的 Object clone( )方法。

（5）优点。

① 由于 clone( )方法是由虚拟机直接复制内存块执行的，因此在速度上比使用 new( )方法创建对象的速度快。

② 可以基于原型，快速地创建一个对象，而无须知道创建的细节。

③ 可以在运行时动态的获取对象的类型及状态，从而创建一个对象。

（6）缺点。

为复制包含循环引用的复杂对象时，可能会非常麻烦。

3.4.5 程序代码

1. 创建一个抽象类及扩展其实体类，即圆形、矩形、三角形。在请求这些实体类时返回它们的拷贝。

（1）shape 类。创建一个实现 Cloneable 接口的抽象类。

```
package com.Prototype;
public abstract class Shape implements Cloneable {
private String id;
protected String type;
public abstract void draw();
public String getId() {
    return id;
}
public void setId(String id) {
    this.id = id;
}
public String getType() {
    return type;
```

```
    }
    @ Override
    public Shape clone() {
        Shape prototype = null;

        try {
            prototype = (Shape) super.clone();
        } catch (CloneNotSupportedException e) {
            e.printStackTrace();
        }

        return prototype;
    }

}
```

（2）实现类。创建扩展上面抽象类的实现类。

① Circle。

```
public classCircle extends Shape {
public Circle() {
    type = "圆形";
}
@ Override
public void draw() {
    System.out.println("圆形类的 draw 方法");
}

}
```

② Rectangle。

```
public class Rectangle extends Shape {
public Rectangle() {
    type = "矩形";
}
@ Override
public void draw() {
    System.out.println("矩形类的 draw 方法");
}
}
```

③ Triangle。

```
public class Triangle extends Shape {
public Triangle() {
    type = "三角形";
}
@ Override
public void draw() {
    System.out.println("三角类的 draw 方法");
}
}
```

（3） ShapeCache 类。

```
public class ShapeCache {
private static Hashtable < String, Shape > shapeMap = new Hashtable < >
();
public static Shape getShape(String shapeId) {
    Shape shape = shapeMap.get(shapeId);
    return shape.clone();
}
//添加三种图形
public static void loadCache() {
    Circle circle = new Circle();
    circle.setId("1");
    shapeMap.put(circle.getId(), circle);
    Triangle triangle = new Triangle();
    triangle.setId("2");
    shapeMap.put(triangle.getId(), triangle);
    Rectangle rectangle = new Rectangle();
    rectangle.setId("3");
    shapeMap.put(rectangle.getId(), rectangle);
}
}
```

（4） Client 客户端。

```
public class Client {
public static void main(String[] args) {
    ShapeCache.loadCache();
    Shape clonedShape = ShapeCache.getShape("1");
    System.out.println("图形:" + clonedShape.getType());
    Shape clonedShape2 = ShapeCache.getShape("2");
```

```
        System.out.println("图形:" + clonedShape2.getType());
        Shape clonedShape3 = ShapeCache.getShape("3");
        System.out.println("图形:" + clonedShape3.getType());
    }
}
```

输出结果如下。

```
图形:圆形
图形:三角形
图形:矩形
```

2. 设计一个客户类 Customer，其中客户地址存储在地址类 Address 中，用浅拷贝和深拷贝分别实现 Customer 对象的拷贝。

(1) 浅拷贝。

① 地址类：Address。

```
classAddress{
private String country;
private String province;
private String city;
public String getCountry() {
    return country;
}
public void setCountry(String country) {
    this.country = country;
}
public String getProvince() {
    return province;
}
public void setProvince(String province) {
    this.province = province;
}
public String getCity() {
    return city;
}
public void setCity(String city) {
    this.city = city;
}
@ Override
public String toString() {
    return "Address [country=" + country + ", province=" + province
```

```
            + ", city=" + city + "]";
    }
    public Address(String country, String province, String city) {
        super();
        this.country = country;
        this.province = province;
        this.city = city;
    }
}
```

② 客户类：Customer。

```
class Customer implements Cloneable{
public int ID;
public int age;
public Address address;
public int getID() {
    return ID;
}
public void setID(int iD) {
    ID = iD;
}
public int getAge() {
    return age;
}
public void setAge(int age) {
    this.age = age;
}
public Address getAddress() {
    return address;
}
public void setAddress(Address address) {
    this.address = address;
}
public Customer(int iD, int age, Address address) {
    super();
    ID = iD;
    this.age = age;
    this.address = address;
}
@ Override
```

```
    public String toString() {
        return "Customer [ID=" + ID + ", age=" + age + ", address=" + ad-
dress
                + "]";
    }
    @Override
    public Customer clone() throws CloneNotSupportedException {
        return (Customer) super.clone();
    }
}
```

③ 测试类：Test。

```
    public class Test{

    public static void main(String[] args) throws CloneNotSupportedException
{
        Address address = new Address("CH" , "SX" , "XA");
        Customer customer1 = new Customer(1 , 23 , address);
        Customer customer2 = customer1.clone();
        customer2.getAddress().setCity("BJ");
        customer2.setID(2);
        System.out.println("customer1:"+customer1.toString());
        System.out.println("customer2:"+customer2.toString());
    }
}
```

输出结果如下。

```
    customer1:Customer [ID=1, age=23, address=Address [country=CH, prov-
ince=SX, city=BJ]]
    customer2:Customer [ID=2, age=23, address=Address [country=CH, prov-
ince=SX, city=BJ]]
```

（2）深拷贝。

① 地址类：Address。

```
    class Address implements Cloneable{
    private String country;
    private String province;
    private String city;
    public String getCountry() {
        return country;
```

```
    }
    public void setCountry(String country) {
        this.country = country;
    }
    public String getProvince() {
        return province;
    }
    public void setProvince(String province) {
        this.province = province;
    }
    public String getCity() {
        return city;
    }
    public void setCity(String city) {
        this.city = city;
    }
    @ Override
    public String toString() {
        return "Address [country=" + country + ", province=" + province
                + ", city=" + city + "]";
    }
    public Address(String country, String province, String city) {
        super();
        this.country = country;
       this.province = province;
        this.city = city;
    }

        @ Override
    public Address clone() throws CloneNotSupportedException {
        return (Address) super.clone();
    }
}
```

② Customer. java。

```
    class Customer implements Cloneable{
    public int ID;
    public int age;
    public Address address;
```

```
    public int getID() {
        return ID;
    }
    public void setID(int iD) {
        ID = iD;
    }
    public int getAge() {
        return age;
    }
    public void setAge(int age) {
        this.age = age;
    }
    public Address getAddress() {
        return address;
    }
    public void setAddress(Address address) {
        this.address = address;
    }
    public Customer(int iD, int age, Address address) {
        super();
        ID = iD;
       this.age = age;
        this.address = address;
    }
    @ Override
    public String toString() {
        return "Customer [ID=" + ID + ", age=" + age + ", address=" + ad-
dress
                + "]";
    }

    @ Override
    public Customer clone() throws CloneNotSupportedException {
        Customer customer = (Customer) super.clone();
        customer.address = address.clone();
        return customer;
    }
}
```

③ Test. java。

```
public class Test{
public static void main(String[] args) throws CloneNotSupportedException
{
    Address address = new Address("CH" , "SX" , "XA");
    Customer customer1 = new Customer(1 , 23 , address);
    Customer customer2 = customer1.clone();
    customer2.getAddress().setCity("BJ");
    customer2.setID(2);
    System.out.println("customer1:" + customer1.toString());
    System.out.println("customer2:" + customer2.toString());
  }
}
```

输出结果如下。

```
customer1:Customer [ID=1, age=23, address=Address [country=CH, province=SX, city=XA]]
customer2:Customer [ID=2, age=23, address=Address [country=CH, province=SX, city=BJ]]
```

练习题 3.4

一、选择题

1. 原型模式的本质就是对象的（　　）。

A. 引用　　B. 复制　　C. 序列化　　D. 串行化

2. 使用原型模式时，以下属于要考虑的问题有哪些（　　）?

A. 使用一个原型管理器。

B. 实现克隆操作。

C. 初始化克隆对象。

D. 用类动态配置应用。

二、填空题

1. ________模式确保某个类仅有一个实例，并自行实例化并向整个系统提供该实例。

2. 原型模式可扩展为________________。

3. 创建型模式分为________________。

三、简答题

1. 简述原型模式的使用场景。

2. 原型模式有哪些优点?

四、论述题

1. 阐述深拷贝和浅拷贝的区别。

2. 阐述原型模式与抽象工厂模式、工厂方法模式的区别?

第 4 章　结构型模式

根据面向对象设计原则的单一职责原则，每个类都应当只有一个引起它变化的原因，当系统功能复杂时，会将系统拆分为多个类实现，所以这也造成了单个类的作用是有限的。由于系统中很多任务的完成都需要多个类相互协作，因此需要将这些类或者类的实例进行组合。

结构型模式（Structural Pattern）描述如何将类或者对象结合在一起形成更大的模块结构，来处理更加复杂的系统功能。

结构型模式可以根据类和类的实例（对象）分为类结构型模式和对象结构型模式。类结构型模式关心类与类之间的结构，一般用继承来实现类与类之间的关系，使之组合成为更大的结构。对象结构型模式关心类与对象之间的结构，一般用组合或者聚合来实现类与对象之间的关系，通过在一个类中定义另一个类的实例对象，然后用该实例对象调用其方法。根据合成复用原则，在系统中尽量使用组合代替继承，因此大部分结构型模式都是对象结构型模式。

4.1　外观模式

本节将介绍以下内容。

- 解释外观模式是什么，并结合具体问题进行分析。
- 给出外观模式应用的几种情形。
- 外观模式的关键特征。
- 给出 Java 的实现代码。

外观（Facade）模式是一种使用频率较高的设计模式，它通过引入一个外观角色类来简化客户端与子系统之间的交互，为复杂的子系统调用提供一个统一的入口，降低客户端和子系统之间的耦合度。对于客户端而言，子系统具有很好的封装性。

4.1.1　外观模式应用需求

外观模式又称门面模式，是一种对象结构型设计模式。在《设计模式》一书中对外观模式的作用叙述为："为子系统中的一组接口提供一个统一接口。外观模式定义了一个更高层的接口，使子系统更加容易使用"。这句话的大致意思是：外观模式定义了一个更高层的接口来简化子系统的使用，为子系统调用提供一个统一的入口。

在日常生活中，手机是人们必不可少的随身物品。假设要在淘宝买一个手机，一般情况下都会有如下步骤：我们首先需要选择手机品牌（Brand），如华为、小米、vivo、OPPO 等手机品牌。确定手机品牌后需要确定手机的具体型号（Model），最后下单（Order）。这样就确定了买手机的三个步骤：第一是选择手机品牌，第二是选择手机型号，第三是下单购买。

那么问题来了，买一个手机必须处理 Brand、Model、Order 这三个步骤。买家必须首先通过 Brand 步骤选择手机品牌，然后通过 Model 步骤确定手机型号，最后通过 Order 步骤下单购买手机，这个使用流程该去怎么处理。

4.1.2 外观模式解决方案

通过上面的问题描述大概有两种购买思路：第一，买家对 Brand、Model、Order 这三个步骤依次处理，这需要买家直接去使用每个步骤。第二，我们把 Brand、Model、Order 这三个步骤交给商铺处理，这样买家直接与商铺沟通无须直接去使用每个步骤。

当没有使用外观模式时，买家（一般称为客户）需要直接使用三个购买步骤，这样会复杂很多，因为每个客户对象都需要访问子系统。图 4-1 是客户直接使用子系统图。

在上面的使用过程中，客户直接与子系统进行交互。当子系统发生变化时，大概率会影响到客户的调用。而且在子系统的不断优化、更新中，系统的复杂性会有很大提升。这对于客户来说非常不利。

所以要解决上面所遇到的问题，必须简化考虑子系统调用的过程。这其实就是外观模式的作用，即希望简化原有系统的使用方式，需要定义自己的接口。

外观模式就是针对上面的问题所提出，正如第二种购买手机思路。当引入商铺这个角色后，把 Brand、Model、Order 这三个步骤交给商铺（一般称为外观角色），当买家购买手机时直接找商铺沟通无须直接使用 Brand、Model、Order 这三个步骤，使用外观模式调用上述三个处理步骤。图 4-2 是客户调用外观模式使用子系统图。

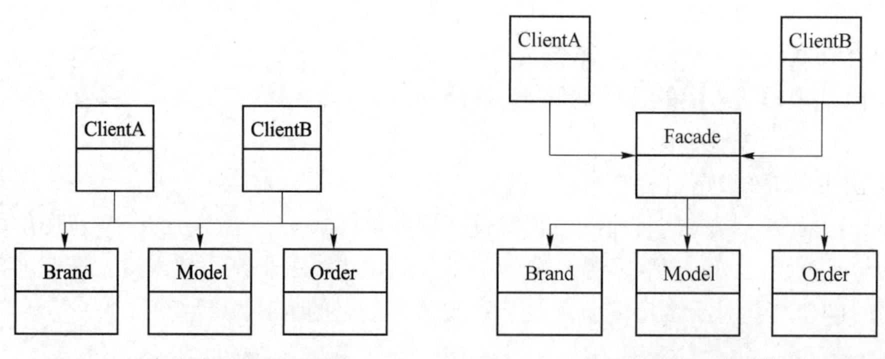

图 4-1　客户直接使用子系统　　图 4-2　客户调用外观模式使用子系统图

通过外观模式，客户可以容易地使用一个复杂的系统或者是系统的部分功能。使用外观模式将客户端和子系统隔离，子系统调用由外观模式解决而无须客户解决。

从面向对象的角度来分析，首先创建 Brand、Model、Order 三个类。Brand 类有一个公共方法 select_brand，Model 类有一个公共方法 select_model，Order 类有一个公共方法 submit_order。然后创建 FacadeRole 类通过 method( ) 方法管理 Brand、Model、Order 三个类。最后 Client 直接调用 FacadeRole 类的 method( ) 方法完成功能。图 4-3 是外观模式 UML 图。

从图 4-3 中可以看出，Client 使用 FacadeRole 而不直接调用 Brand、Model、Order 三个对象，只需要给 Client 提供一个接口（FacadeRole）即可。

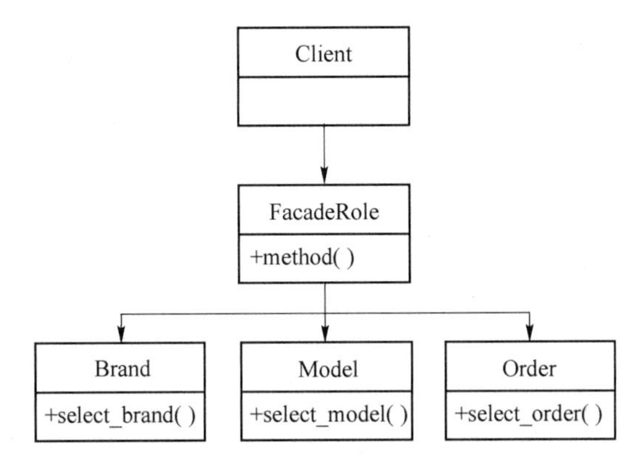

图 4－3　外观模式 UML 图

通过上面介绍，可以总结出外观模式具有以下优点。

（1）对客户来说，子系统隐藏具体实现细节，引入外观模式可以减少客户处理对象的数目，使子系统使用更加方便。

（2）解耦客户和子系统，子系统的变化不会影响到调用它的客户，只需要调整外观类即可。

（3）降低大型软件系统的编译依赖，并降低系统在不同平台的移植难度，因为子系统之间相互不影响，并且子系统内部变化也不会影响到外观类。

（4）只是提供一个简单的接口供客户访问，并不影响客户直接访问子系统。

外观模式的缺点如下。

（1）对客户访问子系统有局限性，对客户访问子系统做出太多限制会影响灵活性。

（2）在不引入抽象外观类时，增加新的子系统可能会修改外观类或者客户代码，违背开闭原则。

4.1.3　外观模式应用的几种情形

在以下情况下可以使用外观模式。

（1）当复杂子系统的访问比较烦琐时，引入外观模式可以提供一个简单接口，并且用户也可以直接访问子系统。

（2）当客户与复杂的系统交互产生复杂的关系时，引入外观模式解耦客户和复杂系统，提高复杂系统的独立性。

（3）当层次化系统中使用外观模式定义每层入口时，为了降低层之间的耦合度，通过外观类建立联系使层与层之间不直接产生联系。

4.1.4　外观模式关键特征

（1）意图。为子系统中的一组接口提供一个统一接口，外观模式定义了一个更高层接口，这个接口使得这一子系统更加容易使用。

问题：只需要使用某个复杂系统的子集，或者以一种特殊的方式使用系统。

（2）主要解决。降低访问复杂系统的内部子系统时的复杂度，简化客户与各个子系统的接口。

（3）解决方案。外观模式为原有系统的客户提供了一个新的接口。

(4) 效果。外观模式简化了对所需子系统的使用过程。但是由于外观模式并不完整,因此客户可能无法使用某些功能。

(5) 实现。定义一个或多个具备所需接口的新类,让新类使用原有的系统。

4.1.5 程序代码

下面是Java实现代码。

首先,定义三个子系统Brand、Model、Order,以及它们要实现的功能。

```
class Brand//子系统角色
{
    public  void select_brand()
    {
        System.out.println("Brand的select_brand()被调用!");
    }
}
class Model//子系统角色
{
    public  void select_model()
    {
        System.out.println("Model的select_model()被调用!");
    }
}
class Order//子系统角色
{
    public  void submit_order()
    {
        System.out.println("Order的submit_order()被调用!");
    }
}
```

其次,定义了外观角色FacadeRole,对子系统对象进行封装,并提供了method()方法完成功能。

```
class FacadeRole//外观角色
{
    private Brand brand=new Brand();
    private Model model=new Model();
    private Order order=new Order();
    public void method()
    {
        brand.select_brand();
```

```
            model.select_model();
            order.submit_order();
        }
    }
```

下面这部分相当于客户使用子系统，客户调用外观角色 FacadeRole 提供的 method( ) 方法进行子系统调用。

```
    public class facade {
        public static void main(String[] args)
        {
            FacadeRole f = new FacadeRole();
            f.method();
        }
    }
```

练习题 4.1

一、选择题

1. 外观模式的作用是（　　）。

A. 当不能采用生成子类的方法进行扩充时，动态地给一个对象添加一些额外的功能

B. 为了系统中的一组功能调用提供一个一致的接口，这个接口使该子系统更加容易使用

C. 保证一个类仅有一个实例，并提供一个访问它的全局访问点

D. 在方法中定义算法的框架，而将算法中的一些操作步骤延迟到子类中实现

2. 外观模式的意图是（　　）。

A. 希望简化现有系统的使用方法，需要定义自己的借口

B. 将一个无法控制的现有对象与一个特定借口相匹配

C. 将一组实现部分从另一组使用它们的对象中分离出来

D. 需要为特定的客户（或情况）提供特定系列的对象

二、填空题

1. ________模式定义了一个高层接口，该接口使这一子系统更加容易使用，为子系统中的一组接口提供一个一致的界面。

2. 外观模式需要解决的问题是：降低访问复杂系统的内部子系统时的________，简化客户与各个子系统的________。

三、判断题

1. 外观模式不仅可以为方法调用创建更简单的接口，还可以减少客户必须处理的对象数量。（　　）

2. 由于外观模式并不完整，因此某些功能对于客户可能是不可用的。（　　）

3. 外观模式为子系统中的一组借口提供的界面可能不一致。（　　）

四、名词解释

外观模式。

五、简答题

1. 外观模式解决问题的方案是什么？如何实现？

2. 外观模式的主要特征是什么？

4.2 适配器模式

适配器（Adapter）模式是一个常见的设计模式，通过本节的学习，了解适配器模式的结构及应用。

本节将介绍以下内容。

➢ 说明适配器模式是什么，以及怎样应用。

➢ 给出适配器模式的应用扩展。

➢ 适配器模式的关键特征。

➢ 给出 Java 代码，帮助学生理解和学习。

适配器模式是一种使用频率非常高的结构型模式，在引入适配器后无须修改现有代码，且修改和增加适配器都非常便捷，使系统具有良好的扩展性。适配器模式是一种对现有系统的补救及对现有类进行重用的模式。

4.2.1 适配器模式应用需求

适配器模式是一种结构型模式，在《设计模式》一书中对适配器模式的意图叙述为："将一个类的接口转换成客户希望的另外一个接口，使得原本由于接口不兼容而不能一起工作的那些类可以一起工作"。这句话的大致意思是：当由于接口不兼容导致类不能一起工作时，可以通过创建一个新的接口来适配使其可以一起工作。

在现实生活中，经常出现两个对象因接口不兼容而不能在一起工作的实例，这时需要第三者进行适配。例如，讲中文的人同讲英文的人对话时需要一个翻译，用直流电的笔记本电脑接交流电源时需要一个电源适配器，用计算机访问照相机的 SD 内存卡时需要一个读卡器等。

假设客户要开发一款画图软件（Draw），在项目开发初期约定开发三个画图模块：甘特图（Gantt）模块、数据流图（DataFlow）模块和网络图（Network）模块。在三个模块开发完成后，客户突然要求加一个 UML 模块。因为人力成本和工期将近等各种原因，开发一个新的 UML 模块已然来不及。这时开发程序员小刘发现网上有已经实现的 UML 模块接口，但是和本项目的接口不兼容。眼看着现成的 UML 模块却不能直接用，客户又催得紧，这时该怎么办？

4.2.2 对象适配器模式解决方案

针对接口不兼容的问题，一般采用适配器模式来解决。适配器模式又分为对象适配器模式和类适配器模式。本节主要讨论对象适配器模式，对类适配器模式进行简单介绍。

适配器模式一般包含以下主要角色。

（1）目标接口（Target）：当前系统业务所期待的接口，它可以是抽象类或接口。

（2）适配者（Adaptee）类：它是被访问和适配的现存组件库中的组件接口。

（3）适配器（Adapter）类：它是一个转换器，通过继承或引用适配者的对象，把适配者接口转换成目标接口，让客户按目标接口的格式访问适配者。

上面问题中，目标接口就是画图软件，适配者类就是 UML 模块，适配器类可以理解为一个可以将 UML 模块与画图软件兼容的转换器。

在画图软件中，已经有甘特图模块、数据流图模块和网络图模块。为了更好地描述问题，先创建一个 Draw 接口，然后从它派生出表示 Gantt、DataFlow、Network 类。

图 4－4 是 Gantt、DataFlow 和 Network 自 Draw 派生类图。

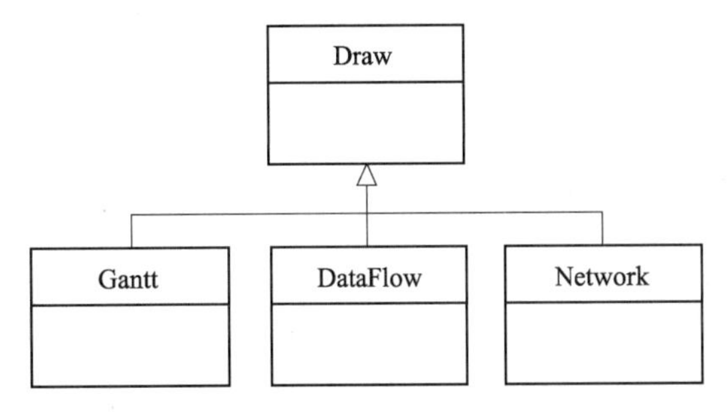

图 4－4　Gantt、DataFlow 和 Network 自 Draw 派生类图

创建 Draw 接口后，还必须为 Draw 对象提供具体行为，可以在 Draw 类中为这些行为定义接口，然后在其派生类中相应实现这些行为（这就是面向对象中的多态）。

为了让读者更好地理解，在 Draw 类中仅定义一个 model( ) 方法。图 4－5 是 Draw 类中增加 model( ) 方法的类图。

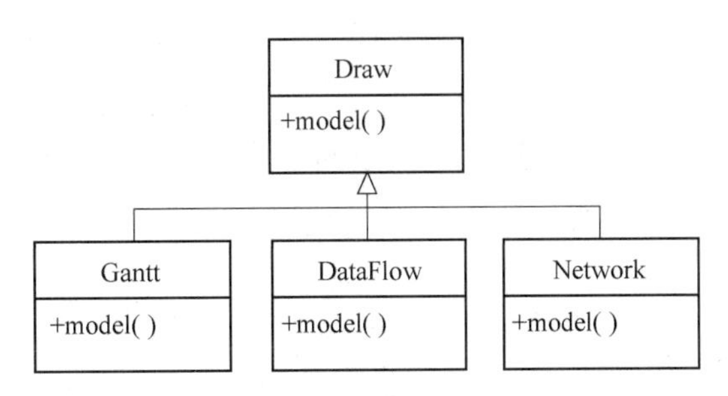

图 4－5　Draw 类中增加 model( ) 方法的类图

现在，客户要在 Draw 接口中添加 UML 模块，可以在 Draw 中派生一个 XUML 类（为了与第二小节中的 UML 区分开），这样仍然可以实现多态行为。但是要为 XUML 类实现 model( ) 方法，在现实中就相当于要开发一个 UML 模块，这显然是十分困难的。

在寻找替代方案时，有一个 UML 模块已经被开发出来，但却不是 Draw 派生类。因为要保持多态的特性，也就是要把 UML 添加到画图软件中，所以若要添加 UML 模块，则必须通过 Draw 派生类来实现。图 4－6 是 UML 类图。

首先要创建一个新类 Adapter，它派生自 Draw 类，因此实现了 Draw 中的方法，然后在新类中包含 UML 类。新类将发给自己的请求传送给 UML 对象。图 4－7 是对象适配器模式：Adapter 类“包装”了 UML 类图。

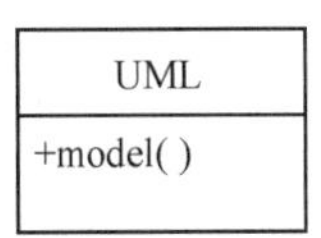

图 4－6　UML 类

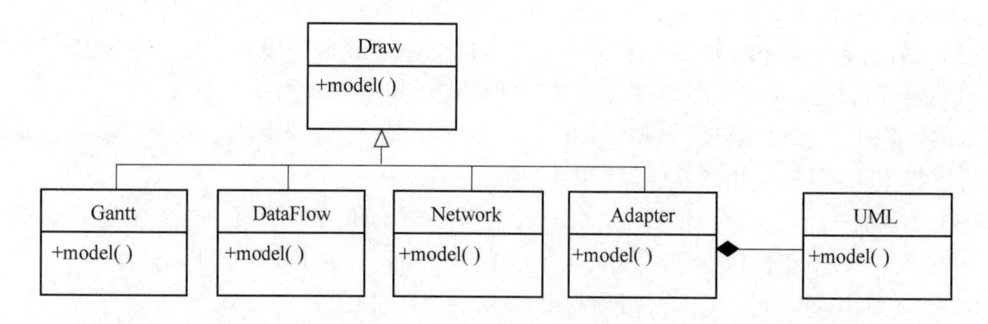

图 4－7　对象适配器模式：Adapter 类“包装”了 UML 类

为了方便理解，下面给出包装部分的代码。

```
class Adapter extends Draw
{
    private UML uml;
    public Adapter(UML uml)
    {
        this.uml = uml;
    }
    public void model()
    {
        uml.model();
    }
}
```

上面就是对象适配器模式的实现过程，下面简单讨论类适配器模式的实现过程。与对象适配器模式不同的是：Adapter 类和 UML 类是通过继承完成的，而不是通过组合完成的。

图 4－8 是类适配器模式：Adapter 类继承了 UML 类图。

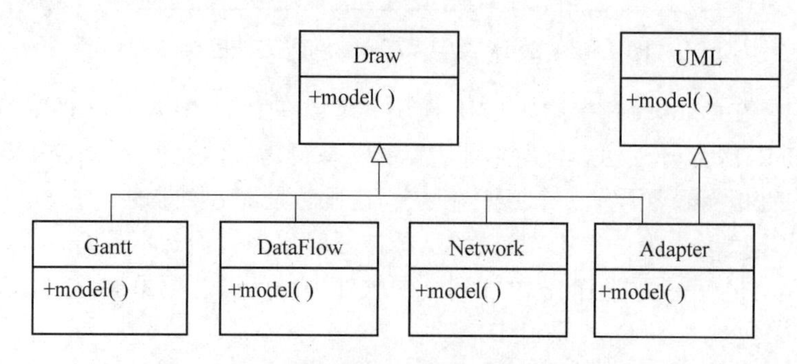

图 4－8　类适配器模式：Adapter 类继承了 UML 类

类适配器模式的实现在 C＋＋中可以通过多继承来实现。在 Java 中，一般将 Draw 申明为接口，UML 类为普通类，这样 Adapter 继承 UML 类并实现 Draw 接口也可以实现类适配器模式。

通过以上介绍可以总结适配器模式具有以下优点。

(1) 解耦目标类和适配者类，通过引入适配器类复用适配者类，无须修改源代码。

(2) 对于客户端来说，封装了适配者类的实现细节，提高了类的透明性和复用性。

(3) 可以方便地更换适配器类，也可以不修改源代码增加新的适配器类，符合开闭原则。

(4) 由于适配器类是适配者类的子类，因此可以在适配器类置换一些适配者的方法，增加灵活性。

(5) 对象适配器可以把多个不同的适配者适配到同一目标。

类适配器模式的缺点如下。

(1) 对于Java、C++等不支持多继承的语言，一次最多一个适配者类，而且目标抽象类只能为接口，具有一定局限性。

(2) 在适配器类置换一些适配者的方法较为复杂。首先需要新建一个适配者类的子类，在子类中进行方法置换，然后将这个子类视为适配者类进行适配。

4.2.3　适配器模式应用扩展

适配器模式可扩展为双向适配器模式，双向适配器类既可以用目标接口对象访问适配者，也可以用适配者对象访问目标接口。

首先新建一个双向适配者（Bidirectional Adaptee）接口，有两个类实现了这个接口，分别是适配者实现类和双向适配器类，并且这两个类都实现了接口方法。具体程序代码如下。

```
interface BidirectionalAdaptee
{
    public void specificRequest();
}
class AdapteeRealize implements BidirectionalAdaptee
{
    public void specificRequest()
    {
        System.out.println("适配者代码被调用!");
    }
}
class BidirectionalAdapter implements BidirectionalAdaptee
{
    private BidirectionalAdaptee adaptee;
    public BidirectionalAdapter(BidirectionalAdaptee adaptee)
    {
        this.adaptee=adaptee;
    }
    public void specificRequest()
```

```
    {
        target.request();//在双向适配者接口方法中调用了目标接口方法
    }
}
```

然后新建一个双向目标（Bidirectional Target）接口，有两个类实现这个接口，分别是目标实现类和双向适配器类，并且这两个类都实现了接口方法。具体程序代码如下。

```
interface BidirectionalTarget
{
    public void request();
}
class TargetRealize implements BidirectionalTarget
{
    public void request()
    {
        System.out.println("目标代码被调用!");
    }
}
class BidirectionalAdapter  implements BidirectionalTarget
 {
    private BidirectionalTarget target;
    public BidirectionalAdapter(BidirectionalTarget target)
    {
        this.target=target;
    }
    public void request()
    {
        adaptee.specificRequest();//在目标接口方法中调用了双向适配者接口
方法
    }
}
```

双向适配器通过实现双向目标接口和双向适配者接口进而实现了这两个接口的方法。在双向适配器中有两个接口方法 request( ) 和 specificRequest( )，在 request( ) 方法中调用了适配者 specificRequest，在 specificRequest( ) 方法中调用了 request。图 4-9 是双向适配器结构图。

在双向适配器类中，有两个私有对象 Adaptee 和 Target，它们分别为适配者对象和目标对象。adaptee 对象可以调用适配者实现类的 specificRequest( ) 方法，target 对象可以调用目标实现类的 request( ) 方法。

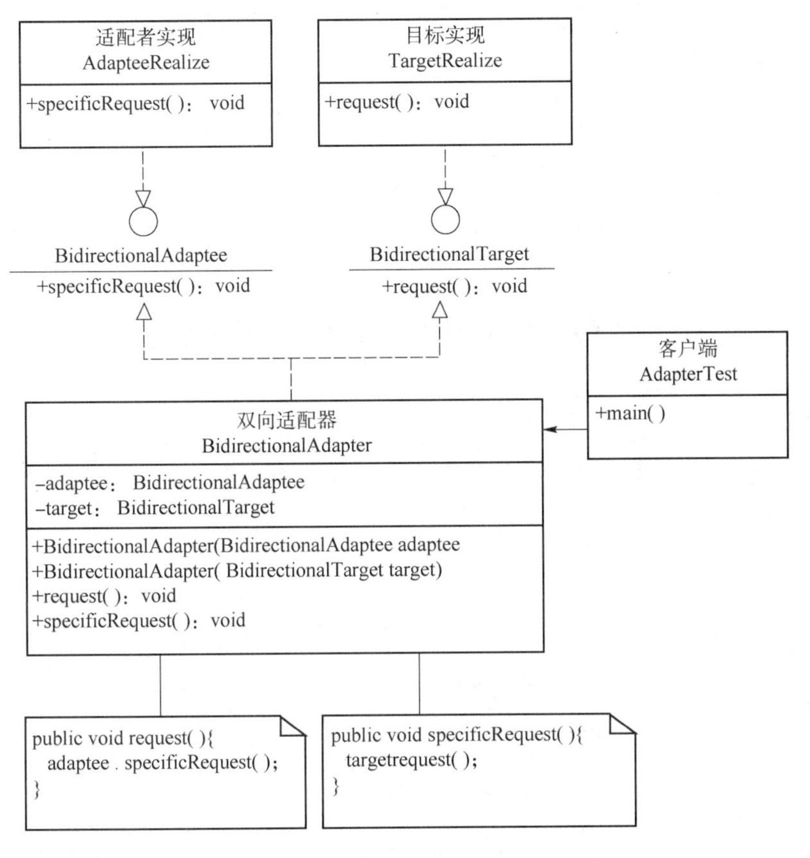

图4-9　双向适配器结构图

4.2.4　适配器模式关键特征

（1）意图。将一个类的接口转换成客户希望的另外一个接口。适配器模式使原本由于接口不兼容而不能一起工作的那些类可以一起工作。

问题：系统的数据和行为都正确，但接口不符。对于必须从抽象类派生的情况，通常使用适配器模式。

（2）解决方案。适配器模式提供了具有所需接口的包装类。

参与者与协作者：Adapter 改变了 Adaptee 的接口，使 Adaptee 与 Adapter 的基类 Target 匹配。这样客户就可以使用 Target 对象来调用 Adaptee 中的方法了。

（3）效果。Adapter 模式使 Adaptee 对象能够适应新的类结构，而不受其接口的限制。

（4）实现。将 Adaptee 包含在 Target 的派生类中。让 Target 的派生类调用 Adaptee 的方法。

为了更好地理解适配器模式，下面给出对象 Adapter 的通用结构图。在通用结构图中，主要有目标（Target）接口、适配者（Adaptee）接口、适配器（Adapter）接口和客户（Client）接口。Adapter 通过聚合使用 Adaptee，这是对象适配器模式与类适配器模式的明显区别。图4-10是对象适配器模式的通用结构图。

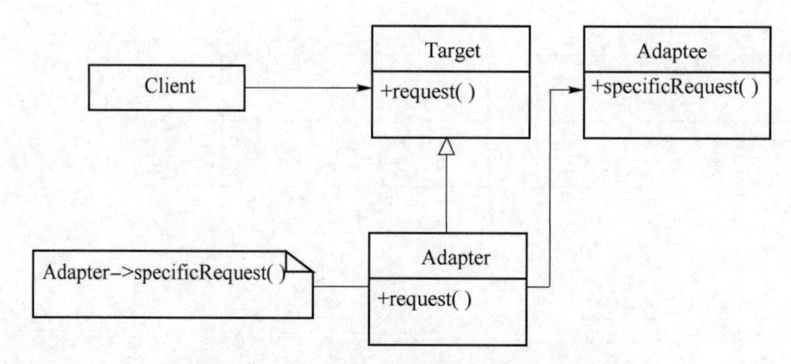

图4-10 对象适配器模式的通用结构图

4.2.5 程序代码

对象适配器模式实现的具体程序代码如下。

```
//对象适配器模式实现
package design_pattern;
//目标接口
interface Draw
{
        public void model();
}
//Gantt 模块
class Gantt implements Draw{
        public void model()
        {
              System.out.println("甘特图模块已经添加");}
}
//DataFlow 模块
class DataFlow implements Draw{
        public void model()
        {
              System.out.println("数据流图模块已经添加");
        }
}
//网络图模块
class Network implements Draw{
        public void model()
        {
              System.out.println("网络图模块已经添加");
        }
}
```

```
//适配者接口
class UML
{
       public void model ()
       {
             System.out.println("UML 模块已经添加");
       }
}
//适配器接口
class Adapter implements Draw
{
       private UML uml;
       public Adapter(UML uml)
       {
             this.uml = uml;
       }
       public void model()
       {
             uml.model();
       }
}
//客户端代码
public class AdapterPattern
{
       public static void main(String[] args)
       {
             Gantt gantt  = new Gantt();
             DataFlow dataflow  = new DataFlow();
             Network network  = new Network();
             System.out.println("对象适配器模式测试:");
             gantt.model();
             dataflow.model();
             network.model();
             UML uml  = new UML();
             Draw draw  = new Adapter(uml);
             draw.model();}
}
//双向适配器代码
package design_pattern;
```

```
//目标接口
interface BidirectionalTarget
{
    public void request();
}
//适配者接口
interface BidirectionalAdaptee
{
    public void specificRequest();
}
//目标实现
class TargetRealize implements BidirectionalTarget
{
    public void request()
    {
        System.out.println("目标代码被调用!");
    }
}
//适配者实现
class AdapteeRealize implements BidirectionalAdaptee
{
    public void specificRequest()
    {
        System.out.println("适配者代码被调用!");
    }
}
//双向适配器
Class  BidirectionalAdapter  implements
BidirectionalAdaptee,BidirectionalTarget
{
    private BidirectionalAdaptee adaptee;
    private BidirectionalTarget target;
    public BidirectionalAdapter(BidirectionalTarget target)
    {
        this.target = target;
    }
    public BidirectionalAdapter(BidirectionalAdaptee adaptee)
    {
        this.adaptee = adaptee;
```

```
        }
        public void request()
        {
            adaptee.specificRequest();
        }
        public void specificRequest()
        {
            target.request();
        }
}
public class BidirectionalAdapterTest {
        public static void main(String[] args)
        {
            System.out.println("目标通过双向适配器访问适配者:");
            BidirectionalAdaptee adaptee = new AdapteeRealize();
            BidirectionalTarget target = new BidirectionalAdapter(ada-
            ptee);
            target.request();
            System.out.println("-------------------");
            System.out.println("适配者通过双向适配器访问目标:");
            target = new TargetRealize();
            adaptee = new BidirectionalAdapter(target);
            adaptee.specificRequest();
        }
}
```

练习题 4.2

一、选择题

1. 适配器模式的功能是（　　）。

A. 希望简化现有系统的使用方法，需要定义自己的接口

B. 将一个无法控制的现有对象与一个特定接口相匹配

C. 将一组实现部分从另一组使用它们的对象中分离出来

D. 你需要为特定的客户（或情况）提供特定系列的对象

2. 对象适配器模式是（　　）原则的典型应用。

A. 合成聚合复用原则　　B. 里式代换原则

C. 依赖倒转原则　　D. 迪米特法则

3. 下面不属于创建型模式的有（　　）。

A. 抽象工厂（Abstract Factory）模式

B. 工厂方法（Factory Method）模式

C. 适配器（Adapter）模式

D. 单例（Singleton）模式

4. 将一个类的接口转换成客户希望的另一个接口。这句话是对下列哪种模式的描述？（　　）

A. 策略（Strategies）模式

B. 桥接（Bridge）模式

C. 适配器（Adapter）模式

D. 单例（Singleton）模式

二、填空题

1. 适配器模式分为类适配器模式和对象适配器模式。其中类适配器模式采用的是__________关系，而对象适配器模式采用的是__________关系。

2. 使用适配器模式，在进行设计时就不用关心__________的接口了。

三、判断题

1. 对象适配器模式是依赖倒转原则的典型应用。（　　）

2. 对象适配器模式是合成聚合复用原则的典型应用。（　　）

3. 适配器模式使原本由于接口不兼容而不能一起工作的那些类可以一起工作。（　　）

4. 外观模式和适配器模式是相同类型的包装器。（　　）

5. 适配器模式不是必须针对某个接口进行设计的。（　　）

四、名词解释

1. 适配器模式。

2. 对象适配器模式。

3. 类适配器模式。

五、简答题

1. 给出适配器模式的定义及意图。

2. 适配器模式的效果是什么？举出一个例子。

3. 适配器模式的最常见的用法是什么？

4. 适配器模式问题的解决方案及如何实现？

六、论述题

1. 举例说明什么时候使用外观模式比适配器模式更合适？什么时候使用适配器模式比外观模式更合适？

2. 请举例说明对象适配器和类适配器的应用场景，并给出各自的解决方案和应用效果。

4.3 桥接模式

桥接（Bridge）模式是一个稍微复杂的模式，通过本节学习来了解桥接模式的结构以及应用。本节将介绍以下内容。

➢ 说明桥接模式是什么，以及怎样应用。

➤ 给出桥接模式的更多讨论。
➤ 给出桥接模式的关键特征。
➤ 给出 Java 代码来帮助学生理解和学习。

在桥接模式中体现了很多面向对象的设计原则，如开闭原则、合成复用原则、里氏替换原则、依赖倒转原则等。若系统中某一具体实现存在两个独立变化的维度，则通过该模式可以将这两个维度分离出来，降低两个维度的耦合度。桥接模式通过使用抽象关联代替了传统的多层继承，将类之间的静态继承转换为动态的对象组合关系，使抽象和实现分离，提高系统的灵活性，同时有效减少了系统中类的数量。

4.3.1　桥接应用需求

桥接模式是一种结构型模式，在《设计模式》一书中对桥接模式的叙述如下："将抽象与其实现解耦，使它们都可以独立地变化"。这句话的大致意思是：将不同事物之间的抽象关系与其具体实现相分离，相互独立，实现扩展灵活性。这里的实现指的是抽象类及其派生类用来实现自己的对象。

例如，最近接到一个项目，为笔记本电脑生产商建立一个笔记本电脑管理模型，要求对各个品牌的笔记本电脑进行管理。为了简化模型及更好地理解问题，先假设有两种品牌的笔记本电脑：联想（Lenovo）以及戴尔（Dell），并且这两个品牌的笔记本电脑由广达（Quanta）和仁宝（Compal）这两个代工厂来生产。

4.3.2　桥接模式解决方案

1. 通过继承解决问题

先以 Lenovo 笔记本电脑为例，生产笔记本电脑不需要关心使用哪个代工厂来实现。因为 Lenovo 在实例化时会知道使用哪个代工厂，所以可以有两种不同的 Lenovo 对象：一种使用 Quanta，另一种使用 Compal。每种 Lenovo 对象都有一个生产方法，但实现的方式不同。图 4－11 是 Lenovo 的生产方法设计图。

从图 4－11 中可以看出，通过引入一个抽象类 Lenovo，不同的 Lenovo 对象之间的差异是如何实现 ProduceLenovo( )方法的。通过实例化正确的 Lenovo，即可实现不同的 ProduceLenovo( )方法。

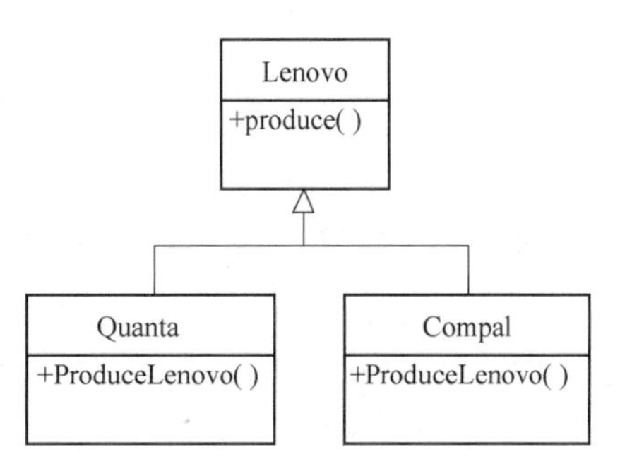

图 4－11　Lenovo 的生产方法设计图

现在还需要生产 Dell 笔记本电脑，要求客户对象无须知道 Lenovo 和 Dell 的差异。加入一个称为 Brand 的新类，并从中派生 Lenovo 类和 Dell 类。这样 Client 对象可以只引用 Brand 对象，而不必考虑是哪种 Brand 类。

于是使用继承实现这些需求似乎是个不错的选择。在图 4－11 的基础上对每种 Brand 类都用各自的代工厂实现，为 Lenovo 类派生一个 Quanta 工厂和一个 Compal 工厂，为 Dell 类派生一个 Quanta 工厂和一个 Compal 工厂。图 4－12 是通过继承实现的两个品牌和两个工厂结构图。

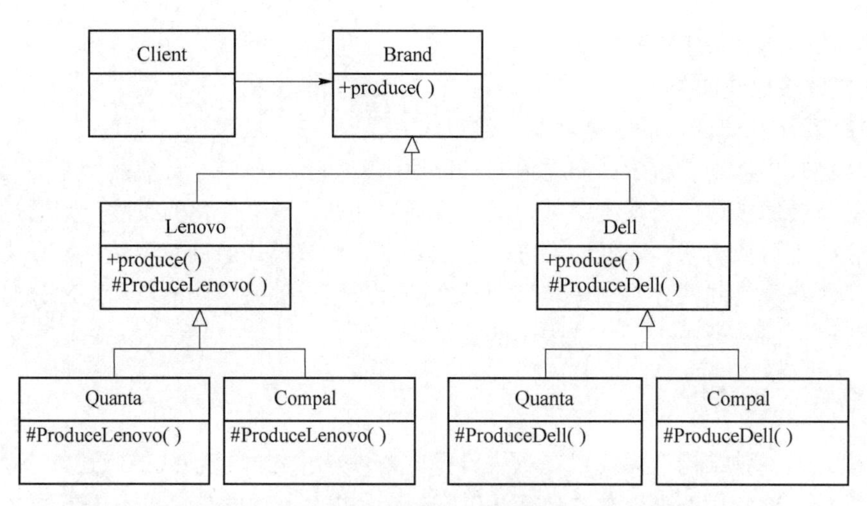

图 4 – 12　通过继承实现的两个品牌和两个工厂结构图

2. 通过桥接模式解决问题

桥接模式是将抽象与其实现解耦，用桥接模式来解决上面的问题，首先需要把问题中的抽象与实现找出来。

在进行设计以应对变化的过程中，应遵循以下两条基本策略。

➢ 找出变化并将其封装。

➢ 优先使用对象聚集，而不是类继承。

通过对问题的分析要找到是什么在发生变化，在这个问题中，变化的是笔记本电脑品牌的种类和工厂的种类。而共同的概念是品牌和工厂，这就是上面所说的两个独立变化的维度。图 4 – 13 是找出变化并封装的示意图。

现在，用 Brand 类封装笔记本电脑品牌种类的概念，Brand 需要知道如何生产，而 Factory 对象负责具体实现。通过在类中定义方法表示实现。图 4 – 14 是带有方法的 Brand 和 Factory 结构图。

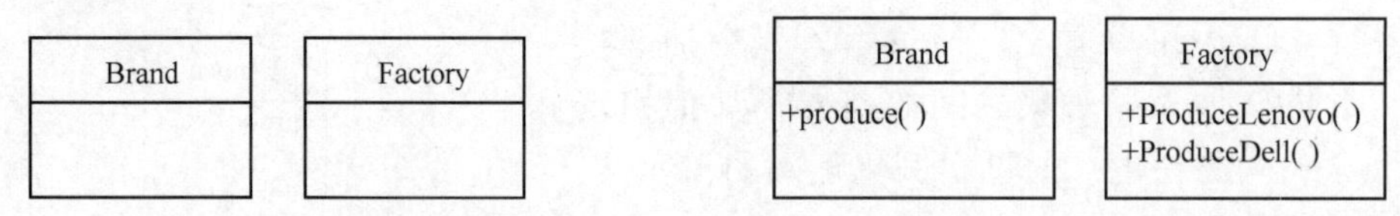

图 4 – 13　找出变化并封装示意图　　　　图 4 – 14　带有方法的 Brand 和 Factory 结构图

之后需要表示具体的变化。Brand 类有 Lenovo 和 Dell，Factory 类有 Quanta 和 Compal。图 4 – 15 是 Brand 和 Factory 的具体变化图。

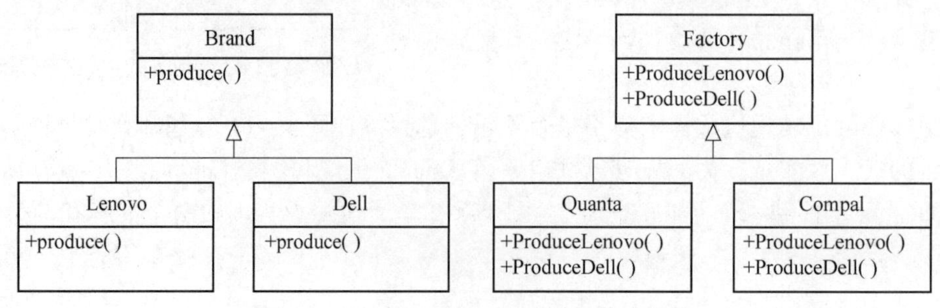

图 4 – 15　Brand 和 Factory 的具体变化图

有了Brand和Factory之后，还需要知道它们之间怎么联系。第一种情况是通过继承来联系，上面已经讲述了这种方法的实现。下面我们考虑使用另一种方法，它是通过让一个对象使用另一个对象，也就是使用组合将这些类联系起来的，这恰好与“优先使用对象聚集，而不是类继承”一致。问题是，这两个类谁使用谁呢？

有如下两种情形：Brand类使用Factory类，或者Factory类使用Brand类。

首先考虑Factory类使用Brand类。若代工厂要生产品牌笔记本电脑，那么它需要知道品牌的信息，需要生产哪个品牌的笔记本电脑，无法自己单独完成。这与“对象应该只对自己负责”冲突。

再考虑Brand类使用Factory类。若Brand类使用Factory类来生产品牌笔记本电脑，Brand对象无须知道所用Factory对象的类型，因为可以让Brand类引用Factory类。Brand控制生产过程即可。图4－16是Brand类使用Factory类的结构图。

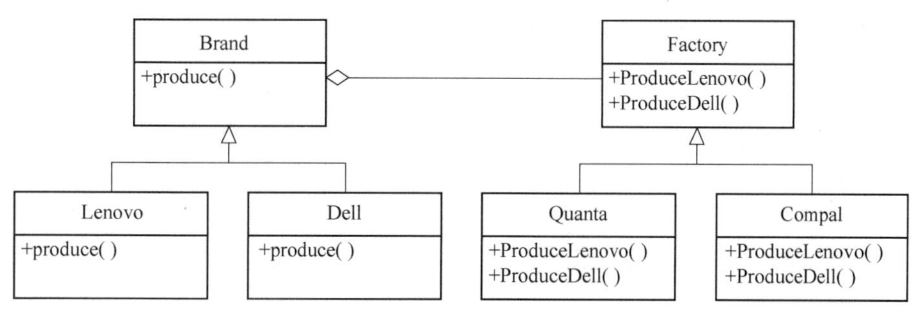

图4－16 Brand类使用Factory类的结构图

在图4－16中，Brand类通过Factory类及其派生类实现自己的行为。如图4－17所示，在Brand类增加一个私有属性factory。在Lenovo类中调用Factory对象的ProduceLenovo( )方法，在Dell类中调用Factory对象的ProduceDell( )方法。

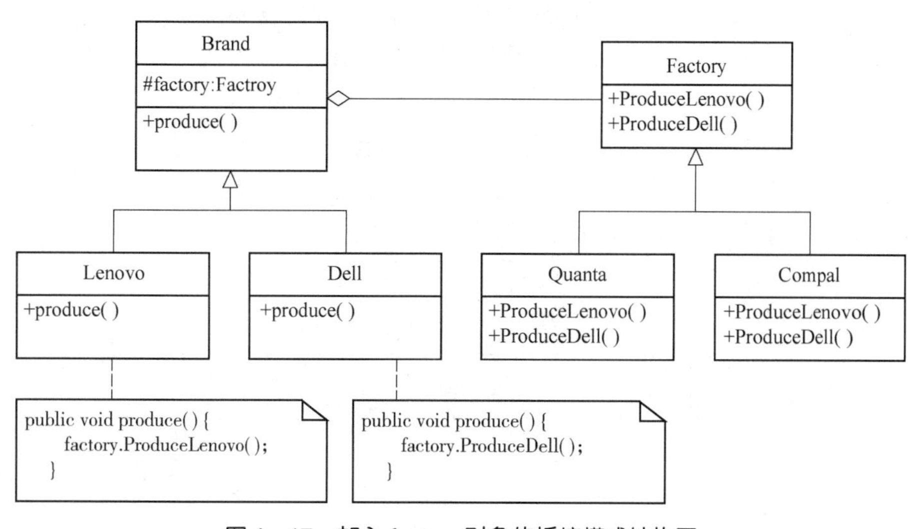

图4－17 加入factory对象的桥接模式结构图

为了更加容易理解，给出以下实现代码。

```
class Lenovo extends Brand {
    public Lenovo(Factory factory) {
```

```
        super(factory);
    }
    public void produce() {
        factory.ProduceLenovo();
    }
}
class Dell extends Brand {
    public Dell(Factory factory) {
        super(factory);
    }
    public void produce() {
        factory.ProduceDell();
    }
}
```

在 Lenovo 类中调用 factory 对象的 ProduceLenovo( )方法，但是具体调用 Quanta 的 ProduceLenovo( )方法还是 Compal 的 ProduceLenovo( )方法，这取决于我们使用的 factory 对象。在 Dell 类中的情况与其类似。

4.3.3 桥接模式的更多讨论

在 4.3.2 节中通过继承解决问题，但是该方法带来了新的问题，观察图 4－12 中的第三行中的类，考虑以下问题。

➤ 该行的 4 个类表示的是 Brand 具体实现的过程。

➤ 若增加一个笔记本电脑代工厂纬创（Wistron），也就是实现上的又一种新变化，会产生什么样的后果？将会有 2 个品牌和 3 个工厂的实现，一共有 6 种不同类型（见图 4－18）。

➤ 若再增加一个笔记本电脑品牌华硕（Asus），也就是另一种概念上的变化，会产生什么样的后果？将会有 3 个品牌和 3 个工厂的实现，一共有 9 种不同类型。

图 4－18 是使用继承设计的 2 个品牌和 3 个工厂图。

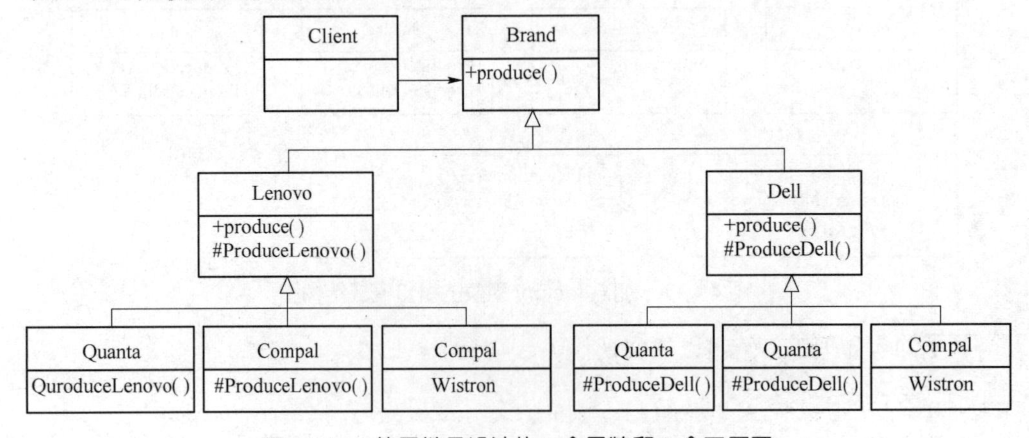

图 4－18　使用继承设计的 2 个品牌和 3 个工厂图

于是，类爆炸性增长问题出现了，因为在上面的解决方法中，抽象（Brand 的种类）与其实现（生产工厂）是紧耦合的。每种 Brand 都必须知道自己用哪个生产工厂，这时需要有一种方式将抽象上的变化和实现上的变化分开，实现线性的增加。这正是桥接模式的功能，即将抽象部分与实现部分分离，使它们都可以独立的变化。

若增加一个笔记本电脑生产工厂纬创（Wistron），则用桥接模式来解决 2 个品牌和 3 个工厂的问题，会是什么情况呢？将会有 2 个品牌和 3 个工厂的实现，一共有 5 种不同的 Brand 类型。仅需在 Factory 类中增加一个新的派生 Wistron 即可。图 4－19 是使用桥接模式设计的 2 个品牌和 3 个工厂图。

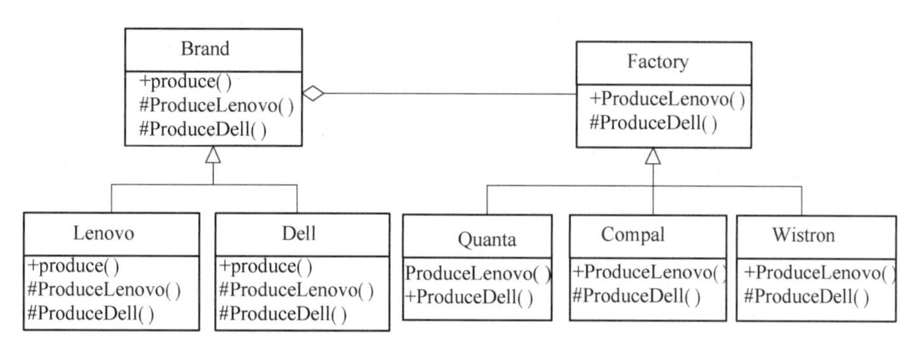

图 4－19　使用桥接模式设计的 2 个品牌和 3 个工厂图

若再增加一个笔记本电脑品牌华硕（Asus），则用桥接模式来解决 3 个品牌和 3 个工厂的问题，会是什么情况呢？将会有 3 个品牌和 3 个工厂的实现，一共有 6 种不同类型。

假设抽象（Brand 的种类）有 M 种，其实现（生产工厂）有 N 种，用继承设计方案为 $M \times N$ 种，而桥接模式则为 $M + N$ 种。

桥接模式的优点如下。

（1）可以将抽象和实现分离，桥接模式使用对象之间的组合关系解耦抽象和实现之间原有的多层继承关系，使抽象和实现在各自的维度可以独立扩展。在各自的维度可以独立扩展的意思是抽象和实现都有其子类，在子类中可以增加对象，以便抽象和实现的子类可以自由组合，获得多维度对象。

（2）多继承方法违背了单一职责原则，复用性比较差，而且随着类的增加会出现类爆炸问题。桥接模式可以解决类爆炸问题，是一个比多继承更好的解决方案。

（3）桥接模式提高了系统可扩展性，在两个独立变化的维度中，修改任意一个维度，都不会影响原系统。

（4）使用对象组合关系代替多继承，对于抽象来说，实现的具体细节是透明的。用户无须关心实现的内部细节，系统有很好的封装性。

桥接模式的缺点如下。

（1）桥接模式中，抽象和实现两个维度会增加系统的设计和理解难度，因为对象组合建立在抽象层上，要求程序开发人员针对抽象进行编程。

（2）桥接模式要求能够判断出抽象和实现这两个维度，在多维度使用时可能会有一定的局限性。

4.3.4 桥接模式关键特征

(1) 意图。将抽象部分与实现部分分离，使它们都可以独立的变化。

问题：一个抽象类的派生类必须使用多个实现，用继承会造成类爆炸问题。

(2) 解决方案。为所有实现定义一个接口供抽象类的所有派生类使用。

参与者与协作者：抽象类是要实现的对象定义接口，实现类为具体实现类定义接口。抽象类的派生类使用实现类的派生类，却无须知道自己具体使用哪一个具体派生类。

(3) 效果。将抽象与实现进行解耦，提高了可扩展性，客户无须关心实现问题。

(4) 实现。将实现封装在一个抽象类中，在要实现的抽象的基类中包含一个实现的句柄。

图 4-20 是桥接模式的通用结构图。在图 4-20 中，分为抽象部分 Abstraction 和实现部分 Implementor，并且抽象部分使用实现部分。Abstraction 派生了 RefinedAbstraction（在这个类中真正使用了 Implementor 对象），Implementor 派生了两个具体实现 ConcreteImplementorA 和 ConcreteImplementorB。

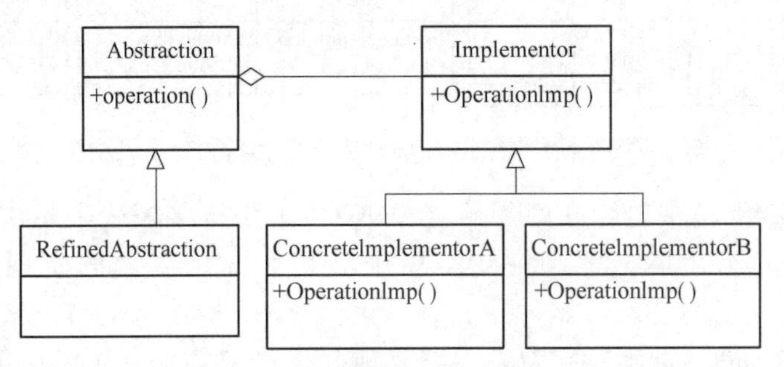

图 4-20 桥接模式的通用结构图

4.3.5 程序代码

具体程序代码如下。

```
package design_pattern;
interface Factory{
        public void ProduceLenovo();
        public void ProduceDell();
}
class Quanta implements Factory {
        @ Override
        public void ProduceLenovo(){
                System.out.println("Quanta 生产的 Lenovo 电脑");
        }
        public void ProduceDell(){
                System.out.println("Quanta 生产的 Dell 电脑");
        }
```

```
}
class Compal implements Factory {
    @ Override
    public void ProduceLenovo(){
        System.out.println("Compal 生产的 Lenovo 电脑");
    }
    public void ProduceDell(){
        System.out.println("Compal 生产的 Dell 电脑");
    }
}
abstract class Brand {
    protected Factory factory;
    protected Brand(Factory factory){
        this.factory = factory;
    }
    public abstract void produce();
}
class Lenovo extends Brand {
    public Lenovo(Factory factory) {
        super(factory);
    }
    public void produce() {
        factory.ProduceLenovo();
    }
}
class Dell extends Brand {
    public Dell(Factory factory) {
        super(factory);
    }
    public void produce() {
        factory.ProduceDell();
    }
}
public class Bridge {
    public static void main(String[] args) {
      Factory factoryQuanta = new Quanta();
      Brand brand_Q_Lenovo  = new Lenovo(factoryQuanta);
      Brand brand_Q_Dell  = new Dell(factoryQuanta);
      brand_Q_Lenovo.produce();
```

```
            brand_Q_Dell.produce();
            Factory factoryCompal = new Compal();
            Brand brand_C_Lenovo = new Lenovo(factoryCompal);
            Brand brand_C_Dell = new Dell(factoryCompal);
            brand_C_Lenovo.produce();
            brand_C_Dell.produce();
        }
    }
```

练习题 4.3

一、选择题

1. 关于继承，下列表述错误的是（　　）。

A. 继承是一种通过扩展一个已有对象的实现，从而获得新功能的复用方法

B. 泛化类（超类）可以显式地捕获那些公共的属性和方法；特殊类（子类）则通过附加属性和方法来进行实现的扩展

C. 破坏了封装性，因为这会将父类的实现细节暴露给子类

D. 继承本质上是"白盒复用"，对父类的修改，不会影响到子类

2. 在不破坏类封装性的基础上，使类可以与未知系统进行交互，主要体现在（　　）上。

A. 外观（Facade）模式　　B. 装饰（Decorator）模式

C. 策略（Strategies）模式　　D. 桥接（Bridge）模式

3. 下面的类图表示的是哪个设计模式？（　　）

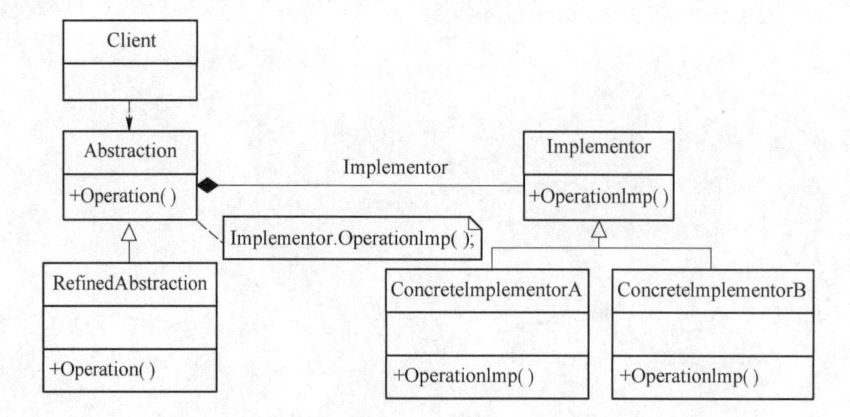

A. 抽象工厂（Abstract Factory）模式　　B. 观察者（Observer）模式

C. 策略（Strategies）模式　　D. 桥接（Bridge）模式

4. 桥接模式的功能是（　　）。

A. 希望简化现有系统的使用方法，需要定义自己的借口

B. 将一个无法控制的现有对象与一个特定借口相匹配

C. 将一组实现部分从另一组使用它们的对象中分离出来

D. 需要为特定的客户（或情况）提供特定系列的对象

二、填空题

1. 当存在一个抽象有不同实现时，桥接模式的效果最好，它可以使____________和____________相互独立地进行变化。

2. 在进行设计以应对变化的过程中，应该遵循两条基本策略：一是找出变化并__________；二是优先使用对象__________，而不是类__________。

3. 桥接模式是将抽象部分与它的实现部分分离，其中__________是指抽象类的对象和用来实现抽象类的派生类的__________。

三、判断题

1. 继承是一种通过扩展一个已有对象的实现，从而获得新功能的复用方法。（　　）

2. 在创建设计以处理变化的过程中，应该优先使用类继承，而不是使用对象组合。（　　）

3. 即使在不知道如何实现桥接模式时，也可以判断出在这种情况下这个模式是否可以使用。（　　）

四、名词解释

1. 抽象。

2. 解耦。

3. 桥接模式。

五、简答题

1. 桥接模式要解决的基本问题是什么？

2. 桥接模式的定义是什么？采用桥接模式的效果是什么？

3. 桥接模式的解决方案是什么？以及如何实现？

4. 画出桥接模式的标准简化视图。

六、论述题

1. 根据你对桥接模式的理解，设想并概要地描述两种可使用该模式的不同应用要求，并给出相应的解决方案和类图。

2. “用对象的职责而不是其行为来思考问题。”这句话对你就面向对象系统中继承的看法有什么影响？

4.4　装饰器模式

装饰（Decorator）模式是一个结构型模式，通过本节学习了解装饰模式的结构及应用。本节将介绍以下内容。

➢ 说明装饰模式是什么，以及怎样应用。

➢ 给出装饰模式的动态增加对象功能。

➢ 给出装饰模式的关键特征。

➢ 给出 Java 代码来帮助学生理解和学习。

装饰模式是一种比继承更加灵活的方法，可以动态增加对象功能，使用对象之间的组合关系取代类之间的继承关系，使系统的封装性更好。装饰模式通过使用组合可以降低系统的耦合度，并且可以动态增加或者删除对象，使抽象类和抽象装饰类可以在各自维度扩展，满足开闭原则的要求。

4.4.1 装饰器模式应用需求

在《设计模式》一书中对装饰模式的功能描述如下："动态地给一个对象添加一些额外的职责，就增加功能来说，装饰模式比生成子类更为灵活"。这句话的大致意思为：当为对象添加一些新功能时，使用装饰模式比使用继承更加灵活。

客户要开发一款画图软件（Software），甘特图（Gantt）模块作为画图软件的一个子模块，目前已经开发完成。客户临时增加需求：要为Gantt模块增加颜色功能。为了简化问题，假定先增加两种颜色：红色（Red）和黑色（Black）。

4.4.2 装饰器模式解决方案

1. 通过继承来解决问题

通过继承解决问题，具体来讲就是直接在Gantt派生Red类和Black类，因为Gantt派生自Software，因此得到如图4-21所示的类图。

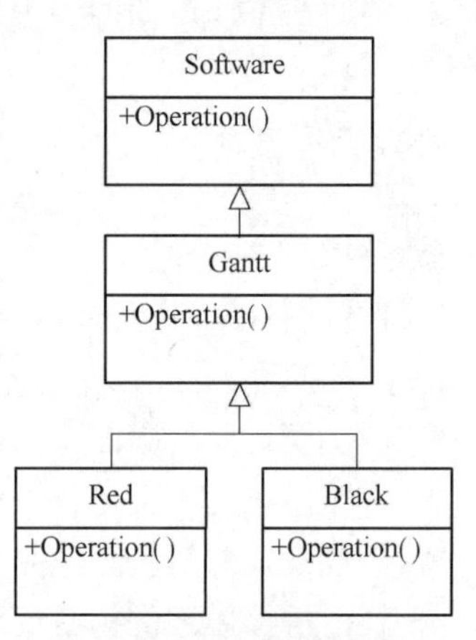

图4-21 通过继承来增加颜色功能的类图

这时，若需求又增加了3种颜色：绿色、黄色、粉色，则采用继承解决方案，需要在Gantt派生3个类，随着扩展功能的增多，子类会很膨胀。若使用颜色的顺序需要改变，会怎么样？这时各种组合的数量会显得非常繁杂。

在学习"合成复用原则"时，我们知道对类功能的扩展应该多用组合/聚合关系，少用继承关系。组合/聚合关系的优势在于不破坏类的封装性，而继承是一种高耦合度的静态关系，无法在程序中动态扩展。虽然组合/聚合关系的代码量并不会比继承关系的代码量少，但在软件后期维护中由于组合/聚合关系的低耦合度会使系统更加容易维护。组合/聚合关系的弊端是创建的对象比继承关系的对象多。

2. 通过装饰模式解决问题

装饰模式的工作原理是可以创建始于Decorator对象（负责添加新功能的对象）并终于原对象的一个对象链。图4-22是Decorator链结构图。

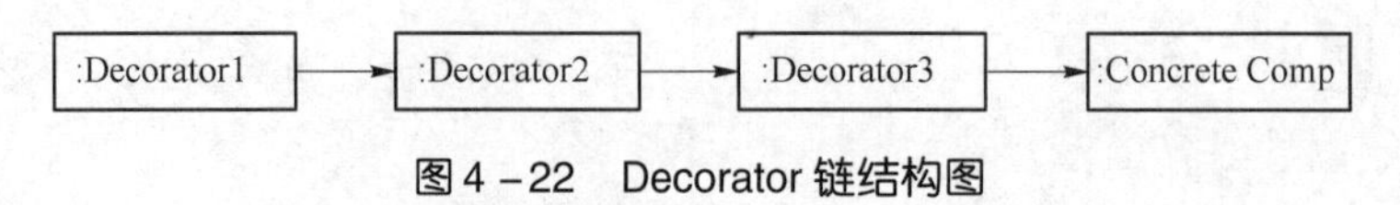

图4-22 Decorator链结构图

如图4-23所示，装饰模式包含了两个具体Decorator链的类图结构。每条链都始于一个Component对象（ConcreteComponent或者Decorator）。每个Decorator对象后面都跟着另一个Decorator对象或者ConcreteComponent对象。对象链总是终于一个ConcreteComponent对象。

对象ConcreteDecorator2执行其Operation()方法，在Operation()方法中调用了Decorator类的Operation()方法，在Decorator类的Operation()方法中又回调用Component对象的Operation()方法。

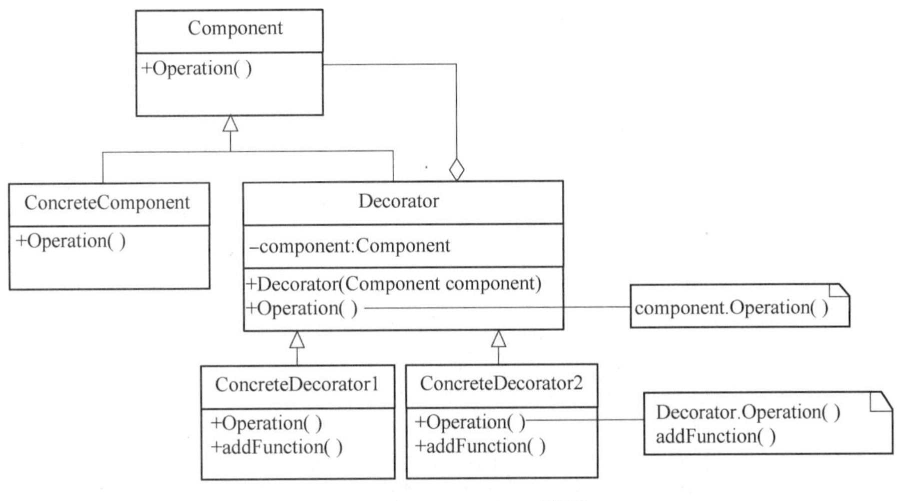

图4-23　Decorator类图

根据上面的问题分析得出，甘特图模块是画图软件的派生，即Gantt类为Software的子类。图4-24是Software派生Gantt子类图。

新建一个Decorator抽象类，其派生Red类和Black类，为Gantt类分别添加红色（Red）和黑色（Black）功能。图4-25是抽象装饰类派生具体装饰类图。

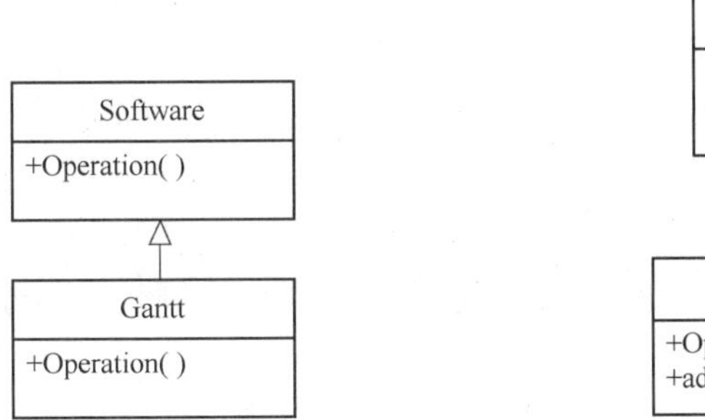

图4-24　Software派生Gantt子类图

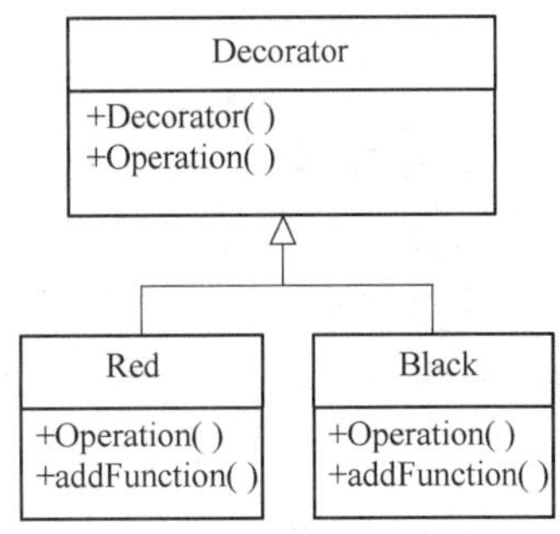

图4-25　抽象装饰类派生具体装饰类图

这时需求增加了三种颜色：绿色、黄色、粉色。采用装饰模式解决方案，需要在抽象装饰Decorator派生三个类。这种实现方案将具体装饰类（Red类和Black类）与具体类Gantt分离开来，降低系统的耦合度，便于系统后期维护。

Decorator类（抽象装饰类）的主要功能是为Gantt类（具体类）添加功能，所以Decorator类和Gantt类都派生自Software抽象类。在装饰模式中，通过使用组合/聚合关系将Decorator类和Gantt类联系起来，因为需求是Decorator类要为Gantt类增加功能，所以在Decorator类中增加对象Software。图4-26是采用装饰模式增加红色和黑色功能图。

与继承方式相比，装饰模式并不是通过一个控制方法来控制新增功能的，而是把需要的功能按照正确顺序进行调用（如Red和Black执行顺序可以调整），并对其功能进行控制。

装饰模式将功能链的动态构建（如Red和Black颜色功能的使用顺序）与使用客户（本案例为Software）分离开来，还将功能链构建与链组件（如Red、Black和Gantt）分离开来，这样便于灵活使用这些组件。

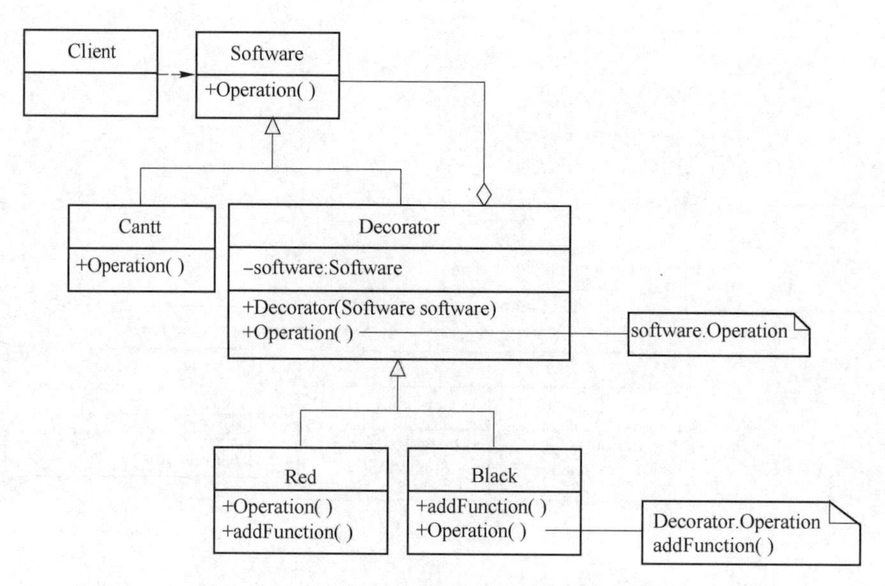

图 4－26　采用装饰模式增加红色和黑色功能图

4.4.3　应用装饰器模式动态增加对象功能

从装饰模式的角色入手来说明装饰模式动态增加对象功能的过程。装饰模式主要包含以下角色。

抽象类（Component）角色：定义一个抽象接口以规范准备接收附加责任的对象。

具体类（Concrete Component）角色：实现抽象类，通过抽象装饰角色为其添加一些职责。

图 4－27 是抽象类派生具体类图。

抽象装饰（Decorator）角色：继承抽象类，并包含具体类的实例，可以通过其子类扩展具体类的功能。

具体装饰（Concrete Decorator）角色：实现抽象装饰的相关方法，并给具体类对象添加附加的责任。

图 4－28 是抽象装饰派生具体装饰类图。

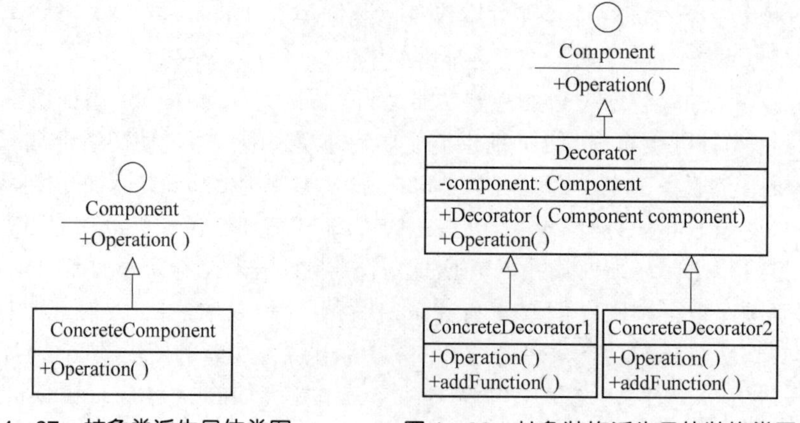

图 4－27　抽象类派生具体类图　　图 4－28　抽象装饰派生具体装饰类图

从图4-28中可以看出，抽象装饰Decorator中有抽象类Component对象，通过实例化具体类ConcreteComponent，可以动态地增加具体类的功能，为了便于理解，下面给出代码。

```
//抽象装饰角色
class Decorator implements Component {
      private Component component;
      public Decorator(Component component) {
            this.component = component;
      }
      public void Operation() {
            component.Operation();
      }
}
//具体装饰角色1
class ConcreteDecorator1 extends Decorator {
      public ConcreteDecorator1(Component component) {
            super(component);
      }
      public void Operation() {
            super.Operation();
            addedFunction1();
      }
      public void addedFunction1() {
            System.out.println("为具体类角色增加额外的功能addedFunction1()");
      }
}
//具体装饰角色2
class ConcreteDecorator2 extends Decorator {
      public ConcreteDecorator2(Component component) {
            super(component);
      }
      public void Operation() {
            super.Operation();
            addedFunction2();
      }
      public void addedFunction2() {
            System.out.println("为具体类角色增加额外的功能addedFunction2()");
      }
```

```
}
//客户端代码
{
          Component component = new ConcreteComponent();
          component = new ConcreteDecorator1 (component);
component = new ConcreteDecorator2 (component);
          component.Operation();
  }
```

在客户端中，可以根据需求来动态地增加功能，如上述代码，首先执行 ConcreteComponent 类中的 Operation( )方法，然后执行 ConcreteDecorator1 中的 addedFunction1( )方法，最后执行 ConcreteDecorator2 中的 addedFunction2( )方法。也可以变换这几个方法的执行顺序，先执行 ConcreteDecorator2 中的 addedFunction2( )方法，再执行 ConcreteDecorator1 中的 addedFunction1( )方法。这就是动态增加对象功能。

装饰模式的优点如下。

(1) 装饰模式与继承都是扩展对象功能，但装饰模式比继承更加灵活。

(2) 装饰模式可以动态地扩展对象功能，在运行时，通过实例化不同的具体装饰类，可以实现不同的行为。

(3) 通过实例化不同的具体装饰类及对它们的排列组合，可以创造出不同行为的组合。实例化多个具体装饰类装饰同一对象，可以得到功能强大的对象。

(4) 抽象类和抽象装饰可以在各自维度上进行扩展，在它们子类层面上新增具体实现类，在使用时进行组合，符合开闭原则。

装饰模式的缺点如下。

(1) 在使用装饰模式时，会产生很多小对象，这些小对象的区别在于相互连接方式不同，而不是它们的类或者属性不同，同时会产生很多具体装饰类。这些小对象和具体装饰类会增加学习和理解难度。

(2) 因为装饰模式比继承更为灵活，同时也意味着装饰模式更加容易出错，在多次使用装饰模式的情况下，排错会比较复杂，其类逻辑关系不是很清晰。

4.4.4 装饰器模式关键特征

(1) 意图。动态地给一个对象增加额外功能。

问题：一个对象要执行所需的基本功能。当需求变动时，可能要为这个对象添加一些额外功能。

(2) 解决方案。可以不使用继承扩展一个对象的功能。

参与者与协作者：ConcreteComponent 通过 Decorator 对象添加额外功能，Decorator 派生子类动态构建功能链。这些类都继承自 Component 类。

(3) 效果。可以动态地在 ConcreteComponent 对象的功能之前或之后添加功能，代替继承，降低耦合度。

图 4－29 是装饰模式的通用结构图。

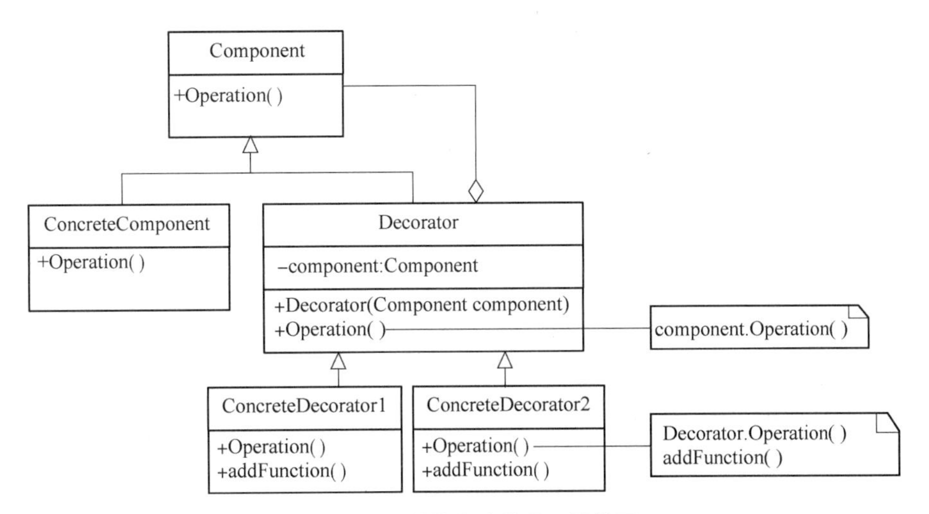

图 4－29　装饰模式的通用结构图

4.4.5　程序代码

具体的程序代码如下。

```
package design_pattern;
public class DecoratorPattern {
      public static void main(String[] args) {
            Software software = new Gantt();
            software = new Red(software);
            software = new Black(software);
            software.operation();
      }
}
//抽象类角色
interface Software {
      public void operation();
}
//具体类角色
class Gantt implements Software {
      public Gantt() {
      }
      public void operation() {
            System.out.println("Gantt");
      }
}
//抽象装饰角色
class Decorator implements Software {
```

```
    private Software software;
    public Decorator(Software software) {
        this.software = software;
    }
    public void operation() {
        software.operation();
    }
}
//具体装饰角色
class Red extends Decorator {
    public Red(Software software) {
        super(software);
    }
    public void operation() {
        super.operation();
        addedFunction();
    }
    public void addedFunction() {
        System.out.println("Gantt 添加红色功能");
    }
}
class Black extends Decorator {
    public Black(Software software) {
        super(software);
    }
    public void operation() {
        super.operation();
        addedFunction();
    }
    public void addedFunction() {
        System.out.println("Gantt 添加黑色功能");
    }
}
```

练习题 4.4

一、选择题

1. 下面关于装饰模式的描述正确的是（　　）。

A. 该模式的意图是动态地给一个对象添加一些额外的职责。就增加功能来说，该模式

不如生成子类灵活

B. 适用于在不影响其他对象的情况下，以动态、透明的方式给单个对象添加职责

C. 该模式的功能是将对象组合成树形结构以表示“部分 – 整体”的层次结构。该模式使得用户对单个对象和组合对象的使用具有一致性

D. 该模式适用性是你想表示对象的“部分 – 整体”层次结构

2. 下面属于结构型模式的有（　　）。

A. 策略（Strategies）模式　　B. 单例（Singleton）模式

C. 抽象工厂（Abstract Factory）模式　　D. 装饰（Decorator）模式

3. 装饰模式的功能是（　　）。

A. 定义一系列的算法，把它们一个个的封装起来，并且使它们可相互替换

B. 为一个对象动态连接附加的职责

C. 希望只拥有一个对象，但不用全局对象来控制对象的实例化

D. 在对象之间定义一种一对多的依赖关系，这样当一个对象的状态改变时，所有依赖它的对象都将得到通知并自动更新

二、填空题

1. 装饰模式将这样一个功能链的__________与__________的客户分离开来。

2. __________模式对象在被装饰功能之前或者之后或者前两者同时执行自己的附加功能。

3. __________模式适用的场合是，各种可选的功能在另一个肯定要执行的功能之前或者之后执行。

三、判断题

1. 装饰模式的功能是为一个对象连接附加的职责。（　　）

2. 每个装饰对象在被装饰的功能之前或之后执行自己的附加功能。（　　）

3. 装饰模式的功能是动态地给一个对象添加一些额外的职责。就增加功能来说，该模式不如生成子类灵活。（　　）

4. 装饰模式是为现有的功能动态添加附加功能的一种方法。（　　）

四、名词解释

装饰模式。

五、简答题

1. 装饰模式的效果是什么？

2. 装饰模式的解决方案是什么？如何实现？

3. 画出装饰模式的类图。

六、论述题

1. 就模式功能而言，装饰模式这个名称是否合适？说出理由。

2. 结合装饰链的构造，举例说明装饰模式是如何给对象动态、灵活地添加额外功能的？

第 5 章　行为型模式

行为型模式用于描述程序在运行时复杂的流程控制，即描述多个类或对象之间怎样相互协作，共同完成单个对象无法单独完成的任务，它涉及算法与对象间职责的分配。

本章会详细地介绍常用的 6 种行为型模式，包括策略（Strategy）模式、模板方法（Template Pattern）模式、观察者（Observer）模式、解释器（Interpreter）模式、备忘录（Memento）模式、迭代器（Iterator）模式，分析它们的特点、结构及应用。

5.1　策略模式

本节介绍一种常用的行为型模式——策略模式，通过讨论需求的问题，了解策略模式，以及策略模式的应用场景，叙述处理新需求变化的途径。本节将介绍以下内容。

- 策略模式的具体内容。
- 策略模式的应用场景。
- 使用策略模式为简单的子系统构造接口。
- 描述策略模式的关键特征，并展示策略模式如何处理案例中的需求。

通过具体的案例分析，掌握策略模式不同算法的解决方案及其效果。在生活中，处理一些任务或者完成一些任务，为了在短时间内完成，往往走了捷径，但长期如此会导致问题严重复杂化，出现维护性差或者不可修改性等问题。所以寻找一种新需求的解决途径是至关重要的。策略模式可以根据所处上下文，使用不同的业务规则或算法，对算法的选择和算法的实现相分离，有效地解决了上述问题。从概念上看，所有的一系列算法都是为了解决相同的问题，只是实现方式不同。

5.1.1　策略模式应用需求

策略模式的目的是在对象中封装算法，策略模式之所以也称为对象行为型模式，是因为该模式的主要参与者是策略对象（这些对象中封装了不同的算法）和它们的操作环境。策略这个词应该怎么理解？例如，日常出门的时候人们会选择不同的出行方式，如骑自行车、坐公交车、坐火车、坐飞机等，每种出行方式都是一个策略；再如我们周末去逛商场，商场正在进行促销活动，有打折的、有满减的、有返利的等，其实不管商场如何进行促销，说到底都是一些策略。算法本身也只是一种策略，这些算法是随时都可能互相替换的。

策略模式应用于解决某个问题的算法族，灵活运用多态和继承，很好地分离了算法定义和算法使用，并且方便添加新的算法或者更新算法。

举一个生活中的例子，在“双十一”来临之际，天猫商城有众多促销策略，如针对同一件商品，今天打八折、明天满 100 元减 30 元，这些促销算法是可以交互使用的。将这些算法通过硬编码方式编进使用它们的类中是不可取的，首先是需要不同策略的程序，若直接包含策略算法代码，则会变得很复杂，这使得程序过于庞大而在维护上有一定难度。尤其当其需要支持许多不同的促销算法时，问题会更加严重。其次是不同的应用场景下需要不同的算法，对于客户不使用的促销算法，在当前的场景下是不被支持的。最后当促销算法是客户程序的一个难以分割的部分时，增加新的促销算法或改变现有算法将十分困难。

可以通过多种不同的方式完成一项任务，这里称每种方式为一种方法。根据不同的需求或者不同的条件，选择不同的策略来完成这个任务。在软件开发过程中，可以使用一种灵活的设计模式使系统可以通过不同的渠道来完成最终任务。策略模式就是在这样的需求下产生的。

5.1.2　策略模式解决方案

在“双十一”促销这个案例中，考虑某家电子商务公司应对节假日的促销活动，这个系统必须能处理不同的促销方案，应对需求变化的各种挑战。这个系统总架构中需要一个控制器对象，用于处理促销请求。该系统能确定何时有人在请求促销订单，并将请求转发给 CashContext 对象进行处理。图 5－1 是对 CashContext 对象进行处理的示意图。

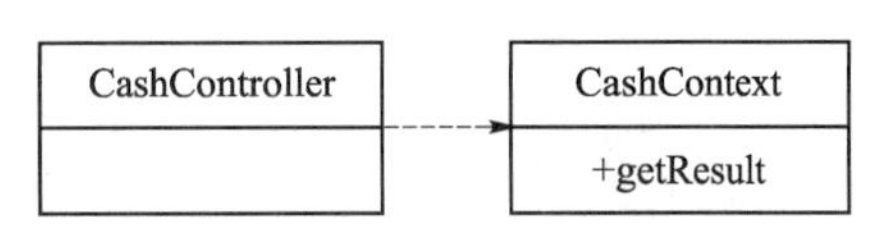

图 5－1　对 CashContext 对象进行处理的示意图

CashContext 对象的功能包括各种促销算法，返回各种促销活动对应的价格，它的作用是维护对抽象策略类的引用实例。具体的 CashContext 对象可以调用其他对象。

在上面这个应用程序设计完成后，假设收到一个新的需求，要增加或者修改现有的促销算法或者推出新的促销算法。那么有哪些方法可以实现？又应该如何去处理？这里给出以下几种方案。

方案 1：复制和粘贴。

使用 switch 语句或者 if 语句，用变量指定各种情况下的继承。

方案 2：将整个功能委托给新的对象。

对于方案 1 新添加的功能和已有的旧功能的代码非常相似，复制和粘贴是可能的。但是，这给维护带来很多麻烦，因为在维护时，必须维护不同版本的相同代码，付出的维护成本较高，代码也变得冗长。

```
//方案 1
Switch (ConcreteStrategy){
  case CashNormal:
   //按正常的价格促销
case CashRebate:
   //打折促销
  case CushReturn:
   //满一定金额返现金
}
```

对于方案 2 对于这样的硬编码方式，若需要增加新的算法，则需要修改封装算法类的源代码，并且更换算法策略，还需要修改客户端调用代码。对于策略方法快速的产生和更新，修改的成本和难度都在加大。

方案 2 的具体程序代码如下。

```
//方案 2
Switch (ConcreteStrategy){
  case CashNormal:
   //按正常的价格促销
case CashRebate:
   //打折促销
  case CushReturn:
      if(Return100){
   //满 300 返 100
}
   //满一定金额返现金
}
```

当 case 语句的分支太多时，例如，在满一定金额返现的算法中，要添加新的不同分支，整体语句不会像之前那样流畅，分支的流向也开始变得模糊。代码的耦合度和可测试性也会受到影响，变得难以阅读和理解。而且每次增加新的分支，都会导致遗漏的错误发生。每次新增一种算法必须修改 Context 类的源代码，这样违反了开闭原则。

方案 3：继承的方法，继承本身有很好的特性，但是，如果错误使用，多重继承会使代码难以理解和僵化，同时对不同变化的继承会使程序的耦合度和内聚性受到影响。

方案 4：根据设计模式的设计原则，在这个案例中，可以试图重用现有的 CashContext 对象，将新的促销规则看成新的类。如打折促销，可以从 CashContext 包含一个 CashRebate 的抽象类，在其派生类中改写促销规则。图 5－2 是 CashContext 组合 CashRebate 的类图。

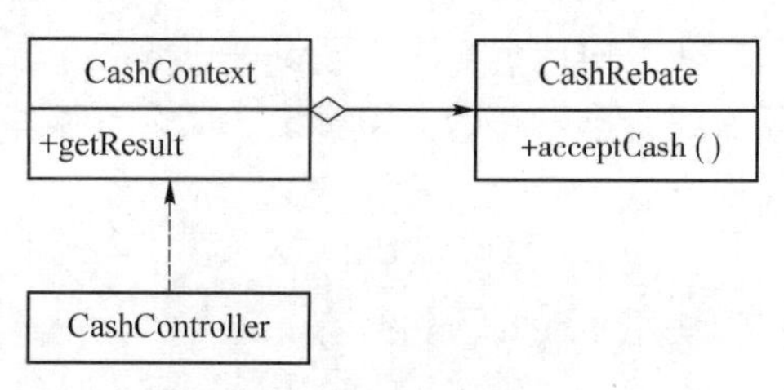

图 5－2　CashContext 组合 CashRebate 的类图

采用继承的难点在于，每次在不同的地方增加新的功能时，一是不方便，会增加代码的冗余；二是应用起来麻烦，层次之间的功能不清楚。诸如此类的反复特化，要么使代码变得无法理解，要么产生冗余。能采用什么办法呢？应该遵循前面的规则，重要的是优先使用对象组合，而不是类继承。首先寻找变化，将它封装到一个单独的类中，然后将这个类包含在另一个类中。在本例中，促销策略是变化的，可以创建一个 CashSuper 类，然后由它派生所需要的特定版本。图 5－3 是创建一个 CashSuper 类图。

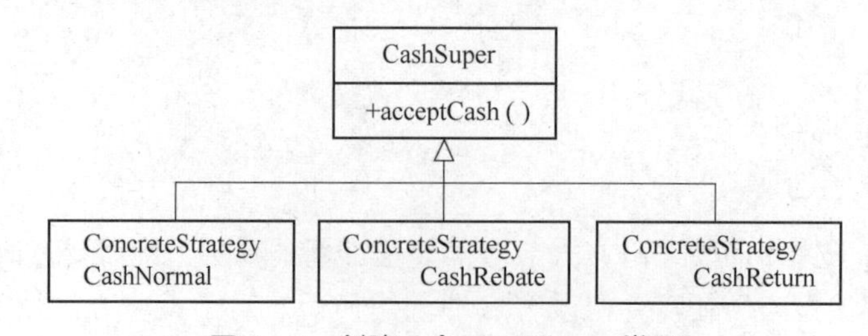

图 5－3　创建一个 CashSuper 类图

图5-4是将CashSuper类包含在使用它的类中图。

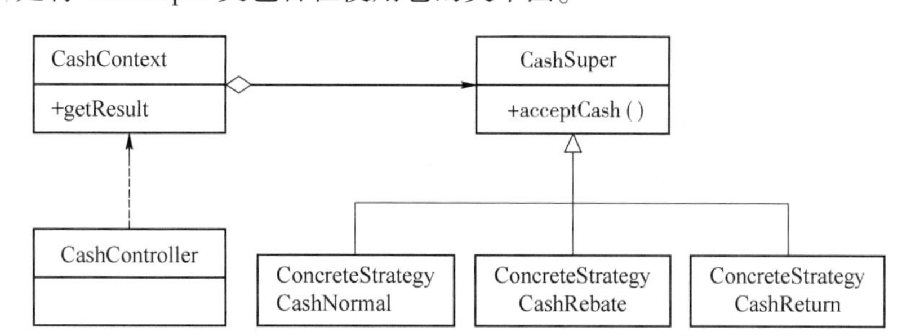

图5-4 将CashSuper类包含在使用它的类中图

这里可以定义一些类来封装不同的促销算法，从而避免这些问题。一个以这种方法封装好的一个算法称为一个策略。这里的CashContext类负责维护和更新不同应用场景下的不同计算结果，然而促销策略不是由CashContext类实现的，而是由抽象的CashContext类的子类各自独立地实现的。CashContext类的各个子类实现不同的促销策略：CashNormal类实现一个简单的策略，它按照正常的商品价格计算；CashRebate类实现查找打折的促销算法；CashReturn类实现一个策略，该策略给客户提供满300元返100元的活动。CashContext类维护对CashSuper对象的一个引用。一旦CashContext类重新格式化它的结果，它就将这个职责转发给它的CashSuper类对象。CashContext类的客户根据当前的场景选择使用哪种CashSuper类的方式，即使用哪种算法进行商品价格计算。策略模式提供了可以替换继承关系的办法，继承可以处理多种算法或行为。

如果不使用策略模式，那么使用算法或行为的环境类就可能会有一些子类，每个子类提供一种不同的算法或行为。但是，这样一来算法或行为的使用者就与算法或行为本身混在一起，决定使用哪种算法或采取哪种行为的逻辑就与算法或行为的逻辑混合在一起，从而不可能再独立演化。将行为写到CashContext类中，而将算法的实现与CashContext类的实现混合起来，从而使CashContext类难以理解、难以维护和难以扩展，而且还不能动态地改变算法。最后得到一堆相关的类，它们之间的唯一差别是它们所使用的算法或行为。

继承提供了另一种支持多种算法或行为的方法。客户端可以直接生成一个CashContext类的子类，从而给它以不同的行为。将算法封装在独立的CashSuper类中使客户端可以独立于其CashContext类，然后改变CashContext类，使其易于切换、易于理解、易于扩展。在客户端代码中只需加入一个具体策略对象即可，策略模式相当于可插入式算法。

客户端必须明确使用场景，并自行决定使用哪个场景下的策略。这就意味着客户端必须理解这些算法的区别，以便适时选择恰当的算法类。换言之，策略模式只适用于客户端明确所有算法或行为的情况。策略模式会产生很多的策略类，每个具体策略类都会产生一个新类。有时，可以通过把依赖环境的状态保存到客户端中，而将策略类设计成可共享的，这样策略类实例可以被不同客户端使用。

以“双十一”促销活动为例，对于CashSuper和CashContext之间的通信开销，无论各个促销策略实现的算法是简单还是复杂，它们都共享CashSuper定义的接口。因此很可能某些策略不会都用到所有通过这个接口传递给它们的信息。简单的CashNormal可能不使用其中的任何信息，这就意味着有时 CashContext 会创建和初始化一些永远不会用到的参数。如果存在这样的问题，那么需要在 CashSuper 和 CashContext 之间进行更紧密的耦合。

任何其余状态都由 CashContext 维护。CashContext 在每次对 CashSuper 对象的请求中都将这个状态传递过去。

5.1.3　策略模式关键特征

（1）意图。定义一系列的算法，把它们一个个的封装起来，并且使它们可相互替换。策略模式使算法可独立于使用它的客户而单独变化。

（2）动机。当存在以下情况时使用策略模式。

① 存在许多相关的类仅是行为不同。策略模式提供了一种用多种行为中的一种行为来配置一个类的方法。

② 需要使用一种算法的不同变体。例如，客户可能会定义一些反映不同空间和时间权衡的算法。当这些变体实现为一个算法的类层次时，可以使用策略模式。

③ 一个类定义了多种行为，并且这些行为在这个类的操作中以多个条件语句的形式出现。将相关的条件分支移入它们各自的 Strategy 类中以代替这些条件语句。

（3）参与者。CashSuper 定义所有支持算法的公共接口。CashContext 使用 CashSuper 接口来调用某种策略定义的算法。具体策略 ConcreteStrate（CashNormal，CashRebate，CashReturn）以 CashSuper 接口实现某具体算法。可定义一个接口令 CashSuper 访问其数据。CashSuper 和 CashContext 相互作用以实现选定的算法。当算法被调用时，CashContext 可以将该算法所需要的所有数据和参数都传递给该 CashSuper，或者 CashContext 可以将自身作为一个参数传递给 CashSuper 操作。这就让 CashSuper 在需要时可以回调 CashContext。CashContext 将它的客户请求转发给它的 CashSuper。客户通常创建并传递一个 ConcreteStrategy 对象给该 CashContext，这样客户仅与 CashContext 交互。通常有一系列的 ConcreteStrategy 类供客户选择。

（4）效果。策略模式的优点如下。

① 恰当地使用继承可以把公共代码转移到父类中，从而避免重复的代码。

② 使用策略模式可以避免使用多重条件转移语句。

（5）应用实例。

① 诸葛亮的锦囊妙计，每个锦囊都是一个策略。

② 旅行的出游方式，选择骑自行车、坐汽车等，每种旅行方式都是一个策略。

（6）实现。策略模式提供了用条件语句选择所需的行为以外的另一种选择。实现的选择，策略模式可以提供相同行为的不同实现。客户可以根据不同时间和空间权衡取舍，从不同策略中进行选择。当不同的行为都在一个类中时，很难避免使用条件语句来选择合适的行为。将行为封装在一个个独立的 Strategy 类中可以消除这些条件语句。

促销的目的是为了让买家了解和关注企业的商品，激发买家的购买欲望，引导买家购买商品，以达到扩大销售量的目的。市场上并非每个公司都做广告，但是每个公司都无一例外地会开展促销活动。商品的促销策略种类繁多，让人眼花缭乱。若不用策略模式，则促销策略的代码可能含多个条件语句，策略模式将换行的任务委托给一个对象从而消除了条件语句。

所以含有许多条件语句的代码通常意味着需要使用策略模式。客户必须了解不同的策略，策略模式有一个潜在的缺点，即一个客户要选择一个合适的策略就必须知道这些策略到底有何不同。此时可能不得不向客户暴露具体的实现问题。因此仅当这些不同行为变体与客户行为相关时，才需要使用策略模式。图5-5是策略模式的通用结构图。

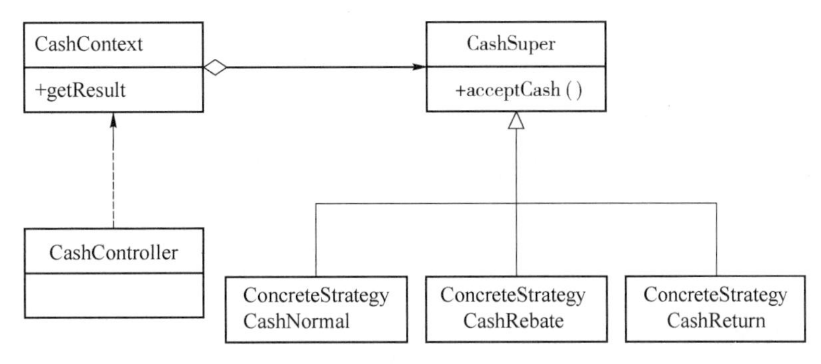

图5-5 策略模式的通用结构图

5.1.4 程序代码

店铺为了提高某个商品的销量，也常常把促销活动作为市场竞争过程中的一把利剑，用以扩大店铺的市场份额，巩固店铺的市场地位，从而提高店铺的经济效益。下面就以“双十一”促销为例，使用策略模式实现商场促销算法。促销策略包括正常收费、满300元返100元、打八折等。

（1）上下文类。首先声明一个CashSuper对象，通过构造方法，传入具体的收费策略，getResult()方法的功能为根据收费策略的不同获得计算结果。

```
public class CashContext {
private CashSuper cashSuper;
public CashContext(CashSuper cashSuper) {
   this.cashSuper = cashSuper;
      }
      public double getResult(double money) {
            return cashSuper.acceptCash(money);
      }
}
```

（2）现金收费抽象类。策略类为抽象类，抽象出收费的方法供子类实现。

```
public abstract class CashSuper {
   public abstract double acceptCash(double money);
}
```

（3）正常收费子类。没有任何活动的情况，正常收费，返回原价。

```
public class CashNormal extends CashSuper {
```

```
    @ Override
    public double acceptCash(double money) {
        return money;
    }
}
```

（4）打折收费子类。打折活动，根据折扣返回打折后的价格。

```
public class CashRebate extends CashSuper {
    private double moneyRebate = 1;     //折扣
    public CashRebate(double moneyRebate) {
        this.moneyRebate = moneyRebate;
    }
    @ Override
    public double acceptCash(double money) {
        return money * moneyRebate;
    }
}
```

（5）返利收费子类。返利活动，输入返利条件和返利值，如满300元返100元，moneyCoditation为300，moneyReturn为100。result = money - Math. floor(money / moneyConditation) * moneyReturn的含义为：若当前金额大于或等于返利条件，则使用当前金额减去返利值。

```
public class CashReturn extends CashSuper {
    private double moneyConditation = 0.0;     //返利条件
    private double moneyReturn = 0.0d;     //返利值
    public CashReturn(double moneyConditation, double moneyReturn) {
        this.moneyConditation = moneyConditation;
        this.moneyReturn = moneyReturn;
    }
    @ Override
    public double acceptCash(double money) {
        double result =money;
        if (money > = moneyConditation) {
            result =money - Math.floor(money/moneyConditation) * mon-
eyReturn;
        }
        return result;
    }
}
```

下面写一个简单的程序，测试上文编写的程序代码是否正确。

```
public class Client {
      public static voidmain(String[] args) {
           CashContext cashContext = null;
           Scanner scanner = new Scanner(System.in);
           System.out.print("请输入打折方式(1/2/3):");
           int in = scanner.nextInt();
           String type = "";
           switch (in) {
               case 1:
                    cashContext = new CashContext(new CashNormal());
                    type + = "正常收费";
                    break;
               case 2:
                    cashContext =new CashContext(new CashReturn(300, 100));
                    type + = "满 300 返 100";
                    break;
               case 3:
                    cashContext = new CashContext(new CashRebate(0.8));
                 type + = "打 8 折";
                 break;
            default:
                 System.out.println("请输入 1/2/3");
                 break;
         }
         double totalPrices = 0;
         System.out.print("请输入单价:");
         double price = scanner.nextDouble();
         System.out.print("请输入数量:");
         double num = scanner.nextDouble();
         totalPrices = cashContext.getResult(price * num);
         System.out.println("单价:" + price + ",数量:" + num + ",类型:"
+ type + ",合计:" + totalPrices);
           scanner.close();
      }
   }
```

正常收费结果如下：

```
请输入打折方式(1/2/3):1
请输入单价:100
请输入数量:5
单价:100.0,数量:5.0,类型:正常收费 ,合计:500.0
```

返利收费结果如下：

```
请输入打折方式(1/2/3):2
请输入单价:100
请输入数量:5
单价:100.0,数量:5.0,类型:满 300 返 100,合计:400.0
```

打折收费结果如下：

```
请输入打折方式(1/2/3):3
请输入单价:100
请输入数量:5
单价:100.0,数量:5.0,类型:打 8 折 ,合计:400.0
```

练习题 5.1

一、选择题

1. 下面的类图表示的是哪个设计模式？（　　）

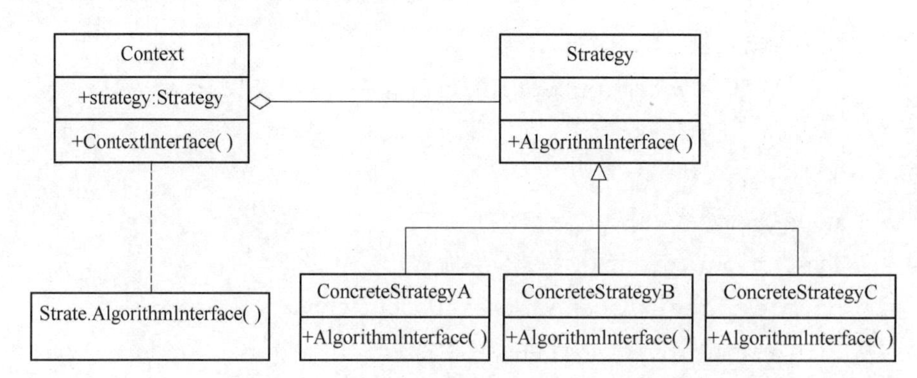

A. 装饰（Decorator）模式　　B. 策略（Strategy）模式
C. 桥接（Bridge）模式　　D. 观察者（Observer）模式

2. 定义一系列算法，把它们一个个封装起来，并且使它们可相互替换。这句话是对哪种模式的描述？（　　）

A. 观察者（Observer）模式　　B. 桥接（Bridge）模式
C. 适配器（Adapter）模式　　D. 策略（Strategy）模式

3. 下面属于行为模式的有（　　）。

A. 抽象工厂（Abstract Factory）模式　　B. 适配器（Adapter）模式

C. 策略（Strategy）模式　　　　　　　　D. 外观（Facade）模式

4. 策略模式针对一组算法，将每种算法封装到具有（　　）接口的独立类中，从而使得它们可以相互替换。

A. 不同　　　　B. 一样　　　　C. 共同　　　　D. 都不是

5. 策略模式的功能是（　　）。

A. 定义一系列算法，把它们一个个封装起来，并且使它们可相互替换

B. 为一个对象动态连接附加的职责

C. 希望只拥有一个对象，但不用全局对象来控制对象的实例化

D. 在对象之间定义一种一对多的依赖关系，这样当一个对象的状态改变时，所有依赖它的对象都将得到通知并自动更新

二、填空题

1. __________模式是一种定义一系列算法的方法。

2. UML是一种用来创建__________的图像语言。

3. 最基本的UML图是__________。它不仅__________了类，而且说明了类之间的关系。

4. 策略模式还简化了单元测试，因为每个__________都有自己的类

5. 策略意图是定义一系列的__________，把它们一个个__________起来。

三、判断题

1. 策略模式使算法可独立于使用它的客户而变化。（　　）

2. 从概念上来说，所有算法都做相同的工作，且拥有相同的实现。（　　）

3. 策略模式是一种定义算法家族的方法。（　　）

4. 策略模式让我们可以将这些规则封装在一个抽象类中，然后拥有一系列的抽象派生类。（　　）

5. 策略模式的本质是在一个抽象类中封装一个算法并交替使用这些算法。（　　）

四、名词解释

策略模式

五、简答题

1. 策略模式的功能是什么？它有哪些效果？

2. 策略模式是建立在哪些原则的基础上的？

3. 在处理新的需求时，如何为该变化进行设计？

4. 策略模式对问题的解决方案是什么？如何实现？

六、论述题

1. 举例说出策略模式的应用场景，并且画出该模式的类图。

2. 考虑策略模式的应用场景，分析新的需求的不同解决方案及效果。

5.2 模板方法模式

本节介绍一种常用的行为型模式——模板方法（Template Pattern）模式。模板方法模式是所有模式中最为常见的模式之一，是基于继承的代码复用的基本技术。本节将介绍以下内容。

- 模板方法模式的概念。
- 模板方法模式的应用场景、应用需求、关键特征等。
- 使用模板方法模式为简单的子系统构造接口。
- 描述模板方法模式如何消除冗余。

通过本节的学习，需掌握模板方法模式的概念、应用需求、解决方案、关键特征等。熟练掌握如何根据场景对已有算法框架修改算法的某些行为，体现算法的多态性。本节的难点是正确理解模板方法模式和策略模式的异同。

在模板方法模式中，一个抽象类公开定义了执行它的方法的方式/模板。它的子类可以按需要重写方法实现，但调用将以抽象类中定义的方式进行。这种类型的设计模式属于行为型模式。

模板方法模式需要开发抽象类和具体子类的设计人员共同协作。一名设计人员负责给出一种算法的轮廓，另一些设计人员则负责给出该算法的各个逻辑步骤。代表这些具体逻辑步骤的方法称为基本方法（Primitive Method）；而将这些基本方法汇总起来的方法称为模板方法（Template Method），这个设计模式的名字就是因此而来。模板方法代表的行为称为顶级行为，其逻辑称为顶级逻辑。模板方法旨在帮助我们在抽象层次从一组不同的步骤中概括出一个通用过程的模式。它能够在一个抽象类中捕捉共同点，同时在派生类中封装差异。从其实质上来讲，就是控制不同过程中的共同序列。

5.2.1 模板方法模式应用需求

模板方法模式也是比较容易理解的，如同做饭，同样的步骤不同的人做，味道是不一样的；或者是造汽车，同样的步骤，造车厂商不一样，造出来的汽车质量不同。本节将通过炒菜案例详细地讲解一下模板方法模式。

我们每天炒不同的菜，需要不同的调料、配菜，但大体的步骤都很相似，如炒啤酒鸭的步骤为：第一步，冷水放入鸭肉焯汤去除血沫然后捞出备用，葱姜青蒜切小段，山药切块备用。第二步，锅内倒入油烧热，放入鸭肉烧制去除多余水分。加入花椒、桂皮、大料炒香，炒至紧实之后加入豆瓣酱、老抽、啤酒调味，然后将鸭肉放入高压锅加少许胡椒粉。最后倒入炒锅，撒入青蒜，大火收汁。再如炒可乐鸡翅的步骤为：第一步，将鸡翅与冷水一同下锅煮开，去除血沫然后捞出备用，准备好姜片和桂皮备用。第二步，下入鸡翅，用火煎至金黄，加入可乐、料酒、老抽、生抽、八角、桂皮。最后，炖至汤汁收浓，出锅。尽管炒不同菜，有不同的方法，但过程在概念上是相同的。模板方法模式给我们提供了一种方式，能够在抽象类中捕捉共同点，同时在派生类中封装差异。

5.2.2 模板方法模式解决方案

模板方法模式是一种代码复用的基本技术。该模式在类库中尤为重要，用于提取类库中的公共行为。模板方法模式导致一种反向的控制结构，即一个父类调用一个子类的操作。

5.2.1 节给出的炒菜问题，对炒菜过程进行分解，可以将它分成 5 步，分别对应 5 种方法。将这 5 种方法封装在 CookingTemplate 中，形成一个模板方法模式。图 5－6 是使用模板方法模式处理炒菜的结构图。

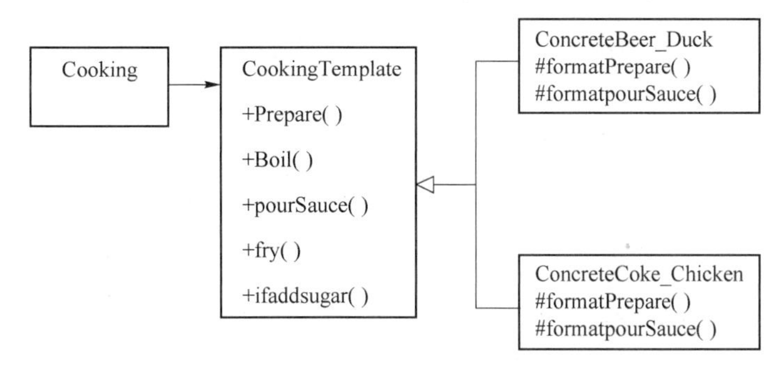

图 5-6　使用模板方法模式处理炒菜的结构图

与之相对应的模板方法模式抽象类的定义如下。

```
Static abstract class AbstractClass{
    protected final Boil(){
        System.out.println("将肉冷水下锅煮开,去除血沫捞出备用");
    }
    Protected abstract voidPrepare();
    Protected abstract voidpourSauce();
    Protected final fry(){
        System.out.println("小火炖,大火收汁,出锅");
    }
Protected boolean ifaddsugar(){
   System.out.println("加入糖");
      Return True;
      }
Public final void CookingTemplate(){
  this.Prepare();
      this.Boil();
  this.pourSauce();
  this.fry();
  this.ifaddsugar()
 }
}
```

(1) 定义模板方法类（AbstractClass 的骨架），即定义抽象的操作，具体的子类将重新定义它们以实现一种算法的各个步骤。实现一个模板方法，定义一个算法框架，来处理需要炒菜的步骤。定义 CookingTemplate 模板方法包含上面的 5 个步骤，包括准备阶段 Prepare、煮的过程 Boil、加调味品 pourSauce、翻炒出锅 fry、是否加糖 ifaddsugar。子类通过调用模板方法模式，实现对过程的具体步骤的实现。调用方法如下所示。

```
cookVegetable=newConcreteBeer_Duck();
cookVegetable.CookingTemplate();
```

（2）使用 final 标识符。将方法锁定，以防止任何继承类来修改它的含义，确保在继承中方法行为保持不变，并且不会被覆盖。其中，Boil 的定义如下。

```
    protected final Boil(){
        System.out.println("将肉冷水下锅煮开,去除血沫捞出备用");
    }
```

该方法前加了标识符 final，这个方法也称为最终方法，它在子类中不能被修改和重新定义。Boil 无须在子类中重新定义，即在模板方法模式中直接定义，当子类调用 CookingTemplate 时，直接按顺序打印出来。

（3）定义抽象方法 Prepare( )和 pourSauce( )。

```
Protected abstract voidPrepare();
Protected abstract voidpourSauce();
```

一种模板方法用一些抽象的操作定义一种算法，而子类（formatPrepare）将重定义这些操作以提供具体的行为。例如，ConcreteBeer_Duck 的子类将定义啤酒鸭的具体算法步骤。ConcreteBeer_Duck 模板方法将定义 Prepare 的具体算法步骤。

```
Protected void Prepare(){
  System.out.println("需要准备的有蒜切小段,山药切块备用,同时需要准备啤酒一
罐");
```

通过使用抽象操作定义一种算法中的一些步骤，模板方法确定了它们的先后顺序，但它允许 ConcreteBeer_Duck 子类改变这些具体步骤以满足它们各自的需求。

（4）声明钩子算法。同时在炒菜中要加入声明并实现一种钩子算法，该算法的功能是返回 Ture 或者 False，表示是否需要加糖。模板方法模式定义一个操作（ifaddsugar）让子类知道是否需要加糖。若为 True，则需要加糖；若为 False，则不需要加糖。具体定义如下。

```
Protected boolean ifaddsugar(){
    System.out.println("加入糖");
        Return True;
        }
```

由抽象类声明并且实现，子类也可以选择加以扩展。通常抽象类会给出一种空的钩子算法，即没有实现的扩展。它与具体方法在代码上没有区别，不过是一种意识的区别；而它与抽象方法有时也是没有区别的。不同的是，抽象方法必须实现，而钩子算法可以不实现。也就是说钩子算法为用户在实现某个抽象类时提供了可选项，相当于预先提供了一个默认配置。很重要的一点是，模板方法应该指明哪些操作是钩子算法（可以被重定义）及哪些操作是抽象操作（必须被重定义）。要有效地重用一个抽象类，子类编写者必须明确了解哪些操作是设计为有待重定义的。

CookingTemplate( )方法的实现步骤为：首先需要格式化炒菜的一个完整步骤。虽然 CookingTemplate 需要知道格式化，但它不知道如何完成。真正的格式化代码是靠派生类提供的。模板方法模式之所以有如此要求，是因为方法是通过一个指向某个派生类的引用来调用的。也就是说，虽然 Cooking 对象有一个类型为 CookingTemplate 的引用，但它实际是一个

ConcreteBeer_Duck 或者 ConcreteCoke_Chicken 对象。因此，在调用这些对象的 doCooking 方法时，所确定的方法将首先寻找合适的派生类的方法。假设我们的 Cooking 对象使用的是一个 ConcreteBeer_Duck 对象，因为 ConcreteBeer_Duck 将调用 CookingTemplate 中的方法。它开始运行，直到调用 formatPrepare 和 formatpourSauce 方法。因为请求的是 ConcreteBeer_Duck 对象执行 doCooking 方法，所以将调用 ConcreteBeer_Duck 类的 formatPrepare 方法。然后，控制又返回 CookingTemplate 类的 doCooking 方法。同样，这个方法位于 Cooking 对象引用的对象。当遇到新变化时，模板方法模式提供了一个可以域充的模板。我们创建一个新派生类，实现新变化所需的具体步骤即可。

5.2.3 模板方法模式与策略模式对比

模板方法模式和策略模式都可以用来分离高层的算法和低层的具体实现细节，都允许高层的算法独立于它的具体实现细节重用。但策略模式还有一个优点就是允许具体实现细节独立于高层的算法重用，但这也以一些额外的复杂性、内存及运行事件开销作为代价。

（1）解决方案和实现。策略模式的结构其实非常简单，它实质上就是一个原则的体现，即里式替换原则和依赖倒置原则，具体实现过程如下。

当不同的行为堆砌在一个类中时，很难避免使用条件语句来选择合适的行为。将行为封装在一个个独立的 Strategy 类中就能消除这些条件语句，避免语句上的冗余。在客户端中先持有一个算法接口的引用，在要调用某种算法方法时，就给这个引用赋实现类的值，然后通过这个引用调用相应算法方法即可。

而模板方法模式中的抽象类 A 有两种方法（暂时忽略钩子算法），抽象算法方法 a - abstruct，模板业务方法 a - mode（模板方法中使用到了抽象算法方法，所以其实这个模板方法现在还不能正常工作），在客户端中要使用这个类时，继承抽象类，并实现抽象算法方法，然后实例化使用。

（2）共同点。模板方法模式与策略模式的目的是一样的，即让不同算法实现的业务复用代码。

（3）区别。从形式上看，策略模式把模板方法模式中的模板方法独立到另一个类中，然后在使用时，再与实现了的算法子类拼接到一起（在使用时进行拼接，用户能知道自己在使用什么模式）。

模板方法模式在使用时，不用拼接，因为在继承时已经是分开继承的，两种方法本来就在一起，客户要用哪组就直接调用哪组（使用时可直接调用完整方法，而用户不知道是什么模式实现的）。

有时候，会有一个类使用几个不同的策略模式，在第一次看到模板方法模式的类图时，模板方法模式只是一组共同协作的策略模式的集合，这是一种很不合理的想法。虽然几个策略模式看起来互相连接的情况并不是很少见，但是这种设计会影响灵活性。

5.2.4 模板方法模式关键特征

（1）意图。定义一个操作中的算法骨架，而将一些步骤延迟到子类中。模板方法模式使得子类可以不改变一个算法的结构即可重定义该算法的某些特定步骤。

（2）适用性。模板方法模式的使用场景如下。

① 多个子类有共有的方法，并且其逻辑基本相同。

② 对于重要、复杂的算法，可以把核心算法设计为模板方法模式，周边的相关细节功能则由各个子类实现。

③ 重构时，模板方法模式是一个经常使用的模式，把相同的代码抽取到父类中，然后通过钩子算法约束其行为。

④ 有多个子类共用的方法，且逻辑相同。

⑤ 对于重要、复杂的方法，可以考虑作为模板方法。

（3）参与者。模板方法模式由一个抽象类组成，这个抽象类定义了需要覆盖的基本模板方法。每个从这个抽象类派生的具体类将为此模板实现新方法。

（4）效果。模板方法模式的优点如下。

① 封装不变，扩展可变，即父类封装了具体流程及实现部分不变行为，其他可变行为交由子类进行具体实现。

② 流程由父类控制，子类进行实现，即框架流程由父类限定，子类无法更改；子类可以针对流程某些步骤进行具体实现。

模板方法模式的缺点如下。

抽象类规定了行为，具体负责实现，与通常事物的行为相反，会带来理解上的困难（通俗地说，“父类调用了子类方法”）。

（5）应用实例。

① 在造房子时，地基、走线、水管都是一样的，只有在建筑后期才有加壁橱、加栅栏等差异。

② spring 中对 Hibernate 的支持，将一些已经定好的方法封装起来，如开启事务、获取 Session、关闭 Session 等，程序员不用重复书写这些已经规范好的代码，直接写一个实体就可以保存。

（6）实现。创建一个抽象类，用抽象方法实现一个过程。这些抽象方法必须在子类中实现，以执行过程的每个步骤。如果这些步骤都是独立变化的，那么每个步骤都可以用策略模式来实现。

5.2.5 程序代码

图 5-7 是具体抽象模板方法模式结构图。

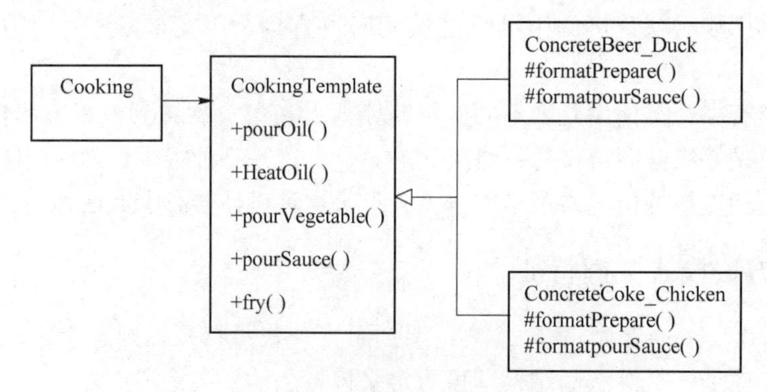

图 5-7　具体抽象模板方法模式结构图

（1）创建抽象模板结构。模板方法用来控制炒菜的流程（炒菜的流程是一样的复用）。

```
//具体炒菜流程
publicfinalvoidCookingTemplate(){
this.Prepare();
this.Boil();
this.pourSauce();
this.fry();
if (this.isaddsugar()){
        this.addsugar();
    }
}
```

（2）构造具体的实现方法。定义结构中哪些方法是所有过程都一样并可复用的，哪些是需要子类进行实现的。冷水下锅步骤是一样的，所以直接实现；小火炖、大火收汁、出锅步骤是一样的，所以直接实现；准备过程和加入调料是不一样的，所以具体实现有所不同。

```
staticabstractclassAbstractClass{
protected void Boil(){
System.out.println("将肉冷水下锅煮开,去除血沫捞出备用");
}
Protected abstract voidPrepare();
Protected abstract voidpourSauce();
Protected void fry(){
System.out.println("小火炖,大火收汁,出锅");
}
Protected boolean ifaddsugar(){
      Return True;
      }
}
```

（3）创建具体模板。创建“啤酒鸭”和“可乐鸡翅”的具体步骤如下。

```
staticclassConcreteBeer_DuckextendsAbstractClass{
      @ Override
      Protected void Prepare(){
      System.out.println("需要准备的有蒜切小段,山药切块备用,同时需要准备啤
酒一罐");
      }
      @ Override
      Protected void pourSauce(){
```

```
        System.out.println("下锅的酱料是豆瓣酱、酱油、老抽、啤酒调味");
        }
}
//炒可乐鸡翅的类
Static class ConcreteCoke_Chicken extends AbstractClass{
        @ Override
        Protected void Prepare(){
        System.out.println("需要准备的有可乐、料酒、老抽、生抽、八角、桂皮");
        }
        @ Override
        Protected void pourSauce(){
        System.out.println("下锅的酱料是可乐、料酒、老抽、生抽、八角、桂皮");
        }
}
```

(4) 客户端调用。

```
Publics tatic void main(String[]args){
      System.out.println("准备炒可乐鸡翅");
      AbstractClasscookVegetable = newConcreteCoke_Chicken();
      cookVegetable.CookingTemplate();

      System.out.println();
      System.out.println("准备炒啤酒鸭");
      cookVegetable = newConcreteBeer_Duck();
      cookVegetable.CookingTemplate();
}
```

输出结果如下。

```
准备炒可乐鸡翅
需要准备的有可乐、料酒、老抽、生抽、八角、桂皮
将肉冷水下锅煮开,去除血沫捞出备用
下锅的酱料是可乐、料酒、老抽、生抽、八角、桂皮
小火炖,大火收汁,出锅

准备炒啤酒鸭
需要准备的有蒜切小段,山药切块备用,同时需要准备啤酒一罐
将肉冷水下锅煮开,去除血沫捞出备用
下锅的酱料是豆瓣酱、酱油、啤酒调味
小火炖,大火收汁,出锅
```

练习题 5.2

一、选择题

1. 以下不属于行为对象模式的是（　　）。

A. 模板方法模式　　B. 策略模式

C. 命令模式　　D. 观察者模式

2. 模板方法模式的作用是（　　）。

A. 当不能采用生成子类的方法进行扩充时，动态地给一个对象添加一些额外的功能

B. 为了系统中的一组功能调用提供一个一致的接口，这个接口使这一子系统更加容易使用

C. 保证一个类仅有一个实例，并提供一个访问他的全局访问点

D. 在方法中定义算法的框架，而将算法中的一些操作步骤延迟到子类中实现

3. 模版方法模式的意图是（　　）。

A. 定义一系列的算法，把它们一个个封装起来，并且使它们可相互替换

B. 为一个对象动态连接附加的职责

C. 希望只拥有一个对象，但不用全局对象来控制对象的实例化

D. 定义一个操作中的骨架，而将一些步骤延迟到子类中。模版模式使子类可以不改变一种算法的结构即可重定义该算法的某些特定步骤

二、填空题

1. ＿＿＿＿＿模式定义一个操作中的算法的骨架，而将一些步骤延迟到子类中。

2. ＿＿＿＿＿模式准备一个抽象类，将部分逻辑以具体方法以及具体构造子类的形式实现，然后声明一些抽象方法来迫使子类实现剩余的逻辑。

3. 模版方法模式是用以帮助从不同的步骤中抽象出一个＿＿＿＿＿过程的模式。

4. 模版方法模式让我们可以在＿＿＿＿＿中捕捉共同点而在＿＿＿＿＿中封装不同点。

5. 当遇到一个数据库时，模版方法模式提供了一个＿＿＿＿＿让我们填充。我们创建一个新的＿＿＿＿＿，并根据新的数据库的要求实现特定的步骤。

6. 模版方法模式使子类可以不改变一种算法的＿＿＿＿＿即可＿＿＿＿＿该算法的某些特定步骤。

三、判断题

1. 模版方法模式只是在一起工作的策略模式的集合。（　　）

2. 模版方法模式适用于有几个相同且概念上相似的步骤存在的情况。（　　）

3. 模版方法模式被用于控制一个序列的行为步骤，这些步骤通常是相同的。（　　）

4. 模版方法模式是用以帮助从不同的步骤中抽象出一个通用的过程的模式。（　　）

5. 模版方法模式使子类可以改变一种算法的结构即可重定义该算法的某些特定步骤。（　　）

四、名词解释

模版方法模式

五、简答题

1. 模版方法模式以怎样的一种特殊方式进行方法调用?

2. 画出模版方法模式的标准简化视图。

3. 在对数据库进行查询时，一般步骤是什么？

4. 模版方法模式如何定义，其效果是什么？

5. 模版方法模式需要解决的问题是什么？解决方案是什么？

六、论述题

1. 根据问题的应用场景，分析策略模式和模板方法模式的相同点和不同点。

2. 模板方法模式是一系列策略模式的综合。请分析说明上述观点是否正确。

5.3 观察者模式

本节介绍一种常用的行为型模式——观察者(Observer)模式。观察者模式是一种使用频率相对较高的设计模式，用于建立对象与对象之间的依赖关系。本节将介绍以下内容。

➤ 观察者模式的主要内容。

➤ 观察者模式的应用。

➤ 观察者模式的关键特征。

➤ 在实践中使用观察者模式的一些经验。

在软件系统中，一个对象的行为发生改变，可能会导致其他与之存在依赖关系的对象也做出相应的反应。本节通过讨论观察者模式的应用需求，了解观察者模式的主要机制，以及观察者模式的应用场景，通过具体的案例分析，掌握观察者模式中目标对象和观察者对象的职责和实现。

5.3.1 观察者模式应用需求

在现实世界中，对象并不是孤立存在的，其中，一个对象的行为发生改变可能会导致一个或者多个其他对象的行为也发生改变。例如，在某种商品的价格上涨时，部分商家会感到高兴，而部分消费者会感到伤心；再如当司机驾车行驶到红绿灯路口时，看到红灯会停下，看到绿灯会继续行驶。这样的例子还有很多，股市的变化与股民的反应、微信公众号与微信用户、气象局的天气预报与听众等。

在软件世界里也是如此，例如，Excel 中的数据与柱状图、折线图、饼状图之间的关系；MVC 模式中的视图与模型之间的关系；事件模型中的事件源与事件处理者之间的关系。这些对象之间存在一种依赖关系，一个对象的行为导致了依赖它的其他对象发生了相应的改变。为了更细致地描述对象之间的这种依赖关系，本节将深入研究一种新的行为型模式——观察者模式。该模式在软件设计与开发中使用频率极高，几乎所有的 GUI 事件处理模型中都运用到了观察者模式。

观察者模式的功能是定义对象间的一种一对多的依赖关系，当一个对象的状态发生改变时，所有依赖它的对象都得到通知并被自动更新。在这一过程中，发生改变的对象称为目标，需要获得通知的对象称为观察者，一个目标可以对应多个观察者，并且这些观察者之间相互独立没有联系，设计者可以根据具体的需求增加或删除观察者。例如，证券大厅的信息显示屏可以作为一个观察者，股票数据是被观察者，通过信息显示屏观察股票数据的变化，发现数据变化后，就更新显示屏上的数据。

将一个系统划分为一系列相互协作的类，该方法有一个缺点，即需要维护相关对象间的一致性。

观察者模式解决了该缺点。这一模式有两个关键对象：目标和观察者。目标是通知的发布者，它发布通知时无须了解它的观察者是谁。其中一个目标可以有任意个依赖它的观察者。一旦目标的状态发生改变，依赖此目标的所有观察者都将得到通知。作为对这个通知的响应，每个观察者都将查询目标以使其状态与目标的状态同步。这种观察者模式又称依赖（Dependents），发布 - 订阅（Publish - Subscribe）模式。

5.3.2　观察者模式解决方案

在我们实际生活中，当某一事件被触发时，需要向一组对象发送信息。如果人为控制这一行为，当然是可以实现的，但是这样的任务不但重复而且十分枯燥，与此同时需要极高的时间成本和人力成本。

简单来说，实际工作中有些条件一旦发生了变化，其他有关的行为也需要立即变化更新，这里我们假设使用 if 语句来模拟该变化。例如，一个制造商生产多种产品，主要的销售渠道是网络销售。将货源供应给电商，与电商进行合作售卖；每当有新产品生产出来，就会把这些新产品推送到电商，假如现在只与天猫、京东有售卖合作，则伪代码如下：

```
if(制造商推送新产品){
    推送产品到天猫;
    推送产品到京东;
}
```

如果制造商扩大经营范围，又与唯品会、拼多多签订合作协议，那么这段伪代码就需要进行如下更改。

```
if(制造商推送新产品){
    推送产品到天猫;
    推送产品到京东;
    推送产品到唯品会;
    推送产品到拼多多;
}
```

以上操作看起来好像非常具有可行性，如果以后制造商再扩大经营，需要和其他的电商合作，那么就在 if 语句的分支下面增加逻辑，但是实际上这样编写有着很明显的弊端。

（1）如果合作电商达到了一定的数量，那么 if 语句下面的逻辑将会变得非常复杂。

（2）如果将商品推送给京东平台的过程中出现了异常，这时候就需要对异常进行捕捉，避免出现的异常导致程序无法继续执行，这样的代码维护起来会非常烦琐。

为了解决这些问题并且提高效率，希望寻找一种解决方案，通过这种解决方案能使这种发送通知的行为自动进行，正如上文中提到的那样，当一个对象的状态发生改变时，所有依赖它的对象都得到通知并被自动更新。这时，观察者模式就是最优的解决方案。

观察者模式分工明确，也使系统更易于扩展。在上述案例中，观察者模式会把每个电商的接口都对应一个观察者对象，把产品列表看作目标对象，每个观察者都在监听产品列表的行为。当制造商有新产品需要发布时，就会将新产品发送到产品列表中，此时产品列表（被监听的目标对象）就发生了变化，致使各个电商接口相互独立并且自动触发新产品推送的这一行为。图 5－8 是使用观察者模式的结构图。

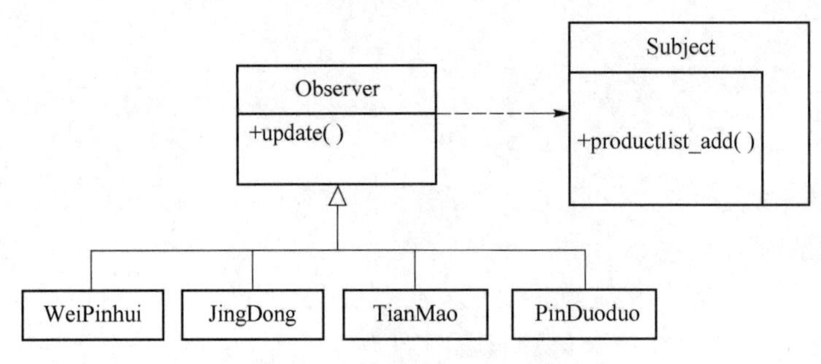

图 5－8　使用观察者模式的结构图

如上所述，一个对象（电商接口）监听另外一个对象（产品列表），当被监听的对象（产品列表）有所变动时，监听对象（电商接口）就会自动触发相应的行为，以适合变化的逻辑模式，这里的监听对象可以是多个，并且互不干扰，我们称之为观察者模式，电商接口被称为观察者，而产品列表对象被称为被观察者或目标。

使用观察者模式进行处理的优点在于：程序代码中不再使用 if 条件语句，观察者对象会根据被监听的目标对象的变化做出相对应的行为，无论是天猫、拼多多或者是其他的接口均无须耦合在一起，只需要维护自己的逻辑，而同时各个接口的责任也是明确的；制造商产品团队只需要维护产品列表，电商团队可以通过增加观察者去监听产品的电商接口，不会存在 if 语句导致的责任不清的情况。例如，若制造商与苏宁进行合作，则需要增加观察者中的 SuNing 接口。图 5－9 是观察者添加 SuNing 接口示意图。

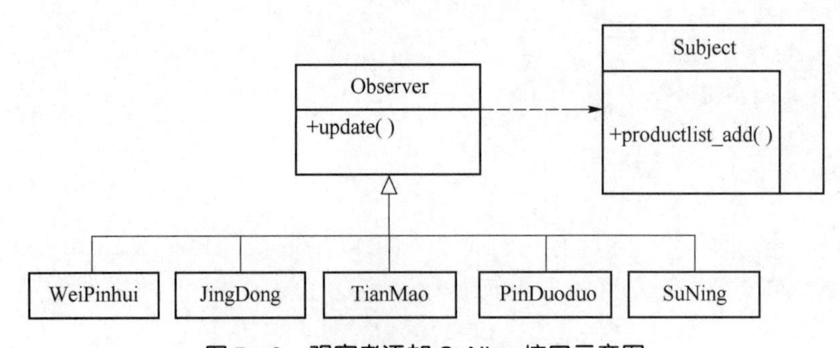

图 5－9　观察者添加 SuNing 接口示意图

以上分析了观察者模式的优点，下面将观察者模式应用到一个具体的案例中，通过案例来帮助大家更好地了解和掌握观察者模式。随着科技的发展，已经进入了互联网时代。如今人们购物的方式不仅局限于实体店购物，网络购物也已成为不可替代的方式。我们以天猫超市的会员注册系统为例。天猫超市既有线上超市又有线下超市，这个系统必须能够处理目标对象注册会员和注销会员的一系列通知行为，并能更新所有连锁超市的会员系统。

大家对电商实体联合经营应该有不少的了解，我们在这个具体的案例中主要介绍如下需求。

（1）一旦有新的顾客进入系统并且加入会员，系统会自动对线上和线下的各个超市进行通知。

（2）系统需要给此顾客发送一封欢迎信，让顾客知道自己已添加到该系统中。

（3）当会员注销会员身份时，系统自动对线上和线下的各个超市进行及时更新。

这几种需求很明显是最基本的需求，并不能保证之后不会有其他的需求出现。为了解决当某事件发生时，需要向一系列变化的对象发出通知这一问题，使用这节所讲的观察者模式。

案例中需要解决的问题是如何做到当目标对象在天猫超市刚一注册会员，系统就自动通知所有的观察者对象（所有的天猫门店和网店）。如该目标对象已注册会员，并自动给目标对象发送欢迎信等。

当会员因个人原因或某些特殊情况放弃会员身份时，如何第一时间自动通知系统，并对观察者进行及时更新，保证系统的时效性。

但是，我们不希望当每次潜在收到通知的对象发生变动时，我们都需要修改通知对象（如班里转来了一位新同学，就必须把所有学生的学号作废，重新编排）。我们的期望是降低通知者与被通知者之间的耦合度，并且保持高度的协作。

这里的关键问题在于目标对象注册会员或撤销会员的事件是如何自动通知系统的，基于这个问题，有进一步的逻辑推导。

首先必须找到所有希望获得通知的对象，我们将这些对象称为观察者对象，因为它们在观察一个事件的发生。要求所有的观察者都有相同的接口，若没有相同的接口，则必须修改目标——触发事件的对象，来配对各种不同类型的观察者，这样就会使目标复杂化。也就是说，这些类型相同的观察者要有相同的 Observer 接口，这样目标就可以轻易地通知它们。

（1）同类型的对象：一组需要在事件状态发生变化时获得通知的同类型的对象。这组对象属于相同的类。

（2）相同的接口：同类型的对象往往有着相同的接口。

由此可见，我们需要定义 Observer 接口和 Subject 接口，Observer 接口用来指定目标事件的发生变化观察者应该具有的方法，Subject 接口用于指定会员这一目标所具备的方法。图 5－10 是创建 Observer 接口和 Subject 接口示意图。

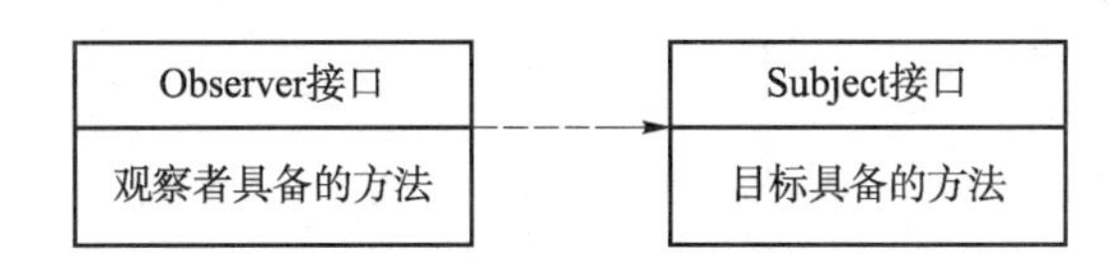

图 5－10　创建 Observer 接口和 Subject 接口示意图

观察者应该知道自己观察的是什么，并且目标无须知道有哪些观察者依赖于自己，为此，观察者需要有一种向目标注册和注销的方式。

（1）在 Subject 接口中定义 add_Observer(Observer observer)方法，可以将给定的 Observer 对象添加到目标的观察者列表中。

（2）在 Subject 接口中定义 remove_Observer(Observer observer)方法，将给定的 Observer 对象从目标的观察者列表中删除。图 5－11 是 Subject 接口添加方法示意图。

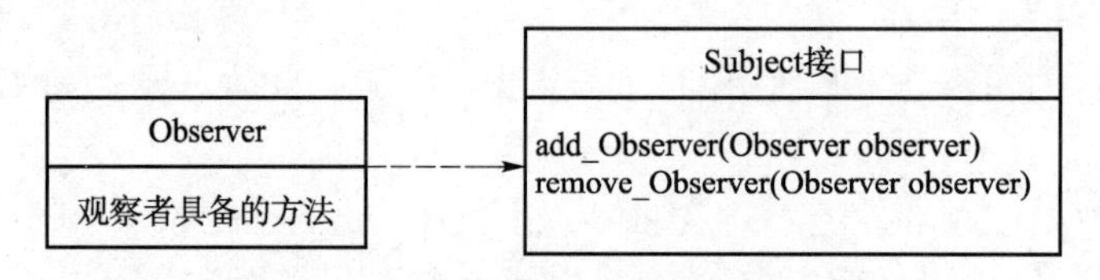

图 5－11　Subject 接口添加方法示意图

与此同时，一旦 Subject 对象发生了变动，需要对列表中已存在的所有观察者进行通知。此时需要在 Subject 接口中定义 notify_member(Observer observer)方法，对观察者列表进行遍历，并且需要对每个 Observer 对象都进行更新操作，因此需要在 Observer 接口中定义 Member_update( )方法来更新 Observer 对象的数据信息，在 Member_update( )方法中定义的是处理 Subject 对象发生变动的程序代码。图 5－12 是用观察者模式实现 Observer 接口和 Subject 接口示意图。

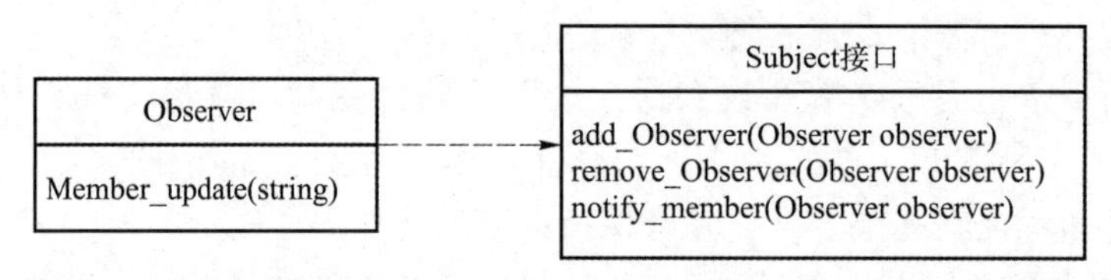

图 5－12　用观察者模式实现 Observer 接口和 Subject 接口示意图

可以看出，使用观察者模式可以在不影响任何已有类的情况下，增添新的观察者类，这样保持了所有类之间的低耦合。在我们的案例中，每当有新的会员注册，系统都应该自动向新注册的会员发一封欢迎信，提示顾客已加入此系统中。此时仅需要增加一个 Welcome in 类的观察者，让它观察目标对象中的新增会员。图 5－13 是添加 Welcome in 观察者示意图。

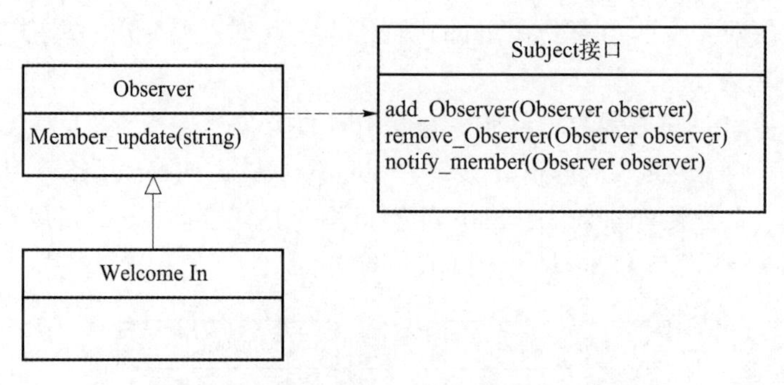

图 5－13　添加 Welcome in 观察者示意图

假设此时又有一个新需求，如需要为天猫超市的所有会员发一个内部优惠券，该如何实现呢?

为了实现此需求，仅需添加一个新的观察者来发送优惠券，该观察者只针对超市的所有会员，将该观察者命名为 VvipCoupons，让它成为 Subject 类的观察者。图 5－14 是添加 VvipCoupons 观察者示意图。

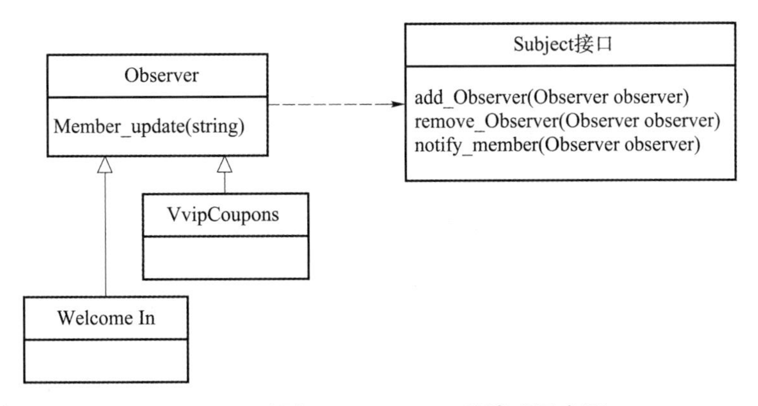

图5－14　添加VvipCoupons观察者示意图

观察者模式的实现程序代码片段如下。

```
package observer;
//抽象观察者
public interface Observer {
    public void Member_update(String message);
//得到通知后调用的方法
    public void Welcome_in(String message);
}
package subject;
//抽象目标
public interface Subject {
    /**
     * 增加天猫超市
     * @ param observer
     * /
    public  void add_Observer(Observer observer) ;
    /**
     * 删除天猫超市
     * @ param observer
     * /
    public void remove_Observer(Observer observer);
    /**
     * 通知天猫超市更新消息
     * @ param observer
     * /
    public void notify_member(String message);
}
```

5.3.3 观察者模式关键特征

（1）意图。在对象之间定义一种一对多的依赖关系，这样当一个对象的状态改变时，所有依赖者都将得到通知并自动更新。

（2）动机。观察者模式有两个关键对象：目标和观察者。目标是通知的发布者，它发布通知时无须了解它的观察者是谁。其中，一个目标可以有任意个依赖它的观察者。一旦目标的状态发生改变，依赖于此目标的所有观察者都将得到通知。作为对这个通知的响应，每个观察者都将查询目标以使其状态与目标的状态同步。

（3）定义。观察者模式属于行为型模式的一种，它定义了一种一对多的依赖关系，让多个观察者对象同时监听某一个主题对象。这个主题对象在状态发生变化时，会通知所有的观察者对象，使其能够自动更新。

（4）主要解决。当一个对象的状态发生改变时，给其他对象发出通知的问题，并且需要考虑到易用性和低耦合，保证高度的协作。

（5）适用性。当一个抽象个体有两个互相依赖的关系时，其中一个对象的改变影响其他对象，却不知道有多少依赖对象必须同时变更。当对一个对象的改变需要同时改变其他对象，而不知道具体有多少对象有待改变。当一个对象必须通知其他对象，而它又不能假定其他对象是谁。换言之，若要求这些对象是低耦合的，都可以选择观察者模式，把这二者封装在独立的对象中以使它们可以各自独立地改变和复用。

（6）参与者

① Subject（目标）。Subject 又称为被观察者对象。任意数量的观察者可以观察同一个目标。提供一个接口用来绑定和分离观察者对象。

② Observer（观察者）。它是一个抽象类或接口，包含了一个更新自己的抽象方法，当接收到具体主题的更改通知时被调用。

（7）主要优缺点

观察者模式的优点如下。

目标与观察者之间建立了一套触发机制，降低了目标与观察者之间的耦合度，两者之间是抽象耦合关系。这套触发机制可以实现表示层和数据逻辑层的分离，并在目标和观察者之间建立一个抽象的耦合，支持广播通信。

观察者模式的缺点如下。

当观察者对象很多时，发布通知会花费很长时间，影响程序的效率。

① 生活中的观察者模式。在现实生活中，警察抓小偷是一个非常典型的观察者模式。这里的小偷就是目标对象，警察就是观察者。警察无时无刻都在观察周边的情况，当发现小偷正在偷东西时（此时就会发送一个信号给警察，但是实际上小偷不可能告诉警察他正在偷东西），警察一收到信号，就立刻出击抓捕小偷。

② 应用实例。在图形化设计的软件中，为了实现视图和事件处理的分离，大多都采用了观察者模式，如 Java 的 Swing、Flex 的 ActionScript 等。在应用系统中也有好多应用，如当当网、京东商城一类的电子商务网站。如果顾客对某件商品比较关注，可以放到收藏夹，当该商品降价时，系统会给顾客发送手机短信或邮件。这就是观察者模式的一个典型应用，商品是被观察者（目标）；关注商品的客户就是观察者。

5.3.4　程序代码

（1）观察者的程序代码如下。

```
public interfaceObserver {
    public void Member_update(String message);//得到通知后调用的方法
    public void Welcome_in(String message);
}
```

（2）对象的程序代码如下。

```
public interface Subject {
    /**
     * 增加天猫超市
     * /
    public void add_Observer(Observer observer) ;
    /**
     * 删除天猫超市
     * /
    public voidremove_Observer(Observer observer);
    /**
     * 通知天猫超市更新消息
     * /
    public void notify_member(String message);
}
public class ConcrereObserver implements Observer{
//天猫超市是观察者
    private String name;
    public ConcrereObserver(String name) {
        this.name = name;
    }
    @ Override
    public void Member_update(String message) {
        // TODO Auto - generated method stub
        System.out.println(name + ":" + message);
    }
    @ Override
    public void Welcome_in(String message) {
        // TODO Auto - generated method stub
        System.out.println(name + "欢迎" + message);
    }
```

```
public class ConcreteSubject implements Subject{
//具体被观察者
    //借用数组存储观察者(天猫超市)
    private List<Observer> customers = new ArrayList<Observer>();
    @Override
    public void add_Observer(Observer observer) {
        // TODO Auto-generated method stub
        customers.add(observer);
    }
    @Override
    public void remove_Observer(Observer observer) {
        // TODO Auto-generated method stub
        customers.add(observer);
    }
    @Override
    public void notify_member(String message) {
        // TODO Auto-generated method stub
        for(Observer observer:customers) {
            observer.Member_update(message);
        }
    }
}
public class Client {
    public static void main(String[] args) {
        // TODO Auto-generated method stub
        ConcreteSubject customers = new ConcreteSubject();
        //创建消费者
        ConcrereObserver tianmao = new ConcrereObserver("天猫超市:");
        ConcrereObserver user1 = new ConcrereObserver("天猫商城线上门店");
        ConcrereObserver user2 = new ConcrereObserver("天猫商城线下门店");
        //新增消费者
        customers.add_Observer(user1);
        customers.add_Observer(user2);
        //观察者发送欢迎信
        tianmao.Welcome_in("张三加入会员");
        //消费者新加入会员通知天猫超市该用户享有会员优惠政策
        customers.notify_member("张三享受会员优惠");
    }
```

练习题 5.3

一、选择题

1. 在观察者模式中，表述错误的是（　　）。

A. 观察者角色的更新是被动的

B. 被观察者可以通知观察者进行更新

C. 观察者可以改变被观察者的状态，再由被观察者通知所有观察者依据被观察者的状态进行

D. 以上表述全部错误

2. 当我们想创建一个具体的对象而又不希望指定具体的类时，可以使用（　　）模式。

A. 创建型　　B. 结构型　　C. 行为型　　D. 以上都可以

3. 下列模式中，属于行为模式的是（　　）。

A. 工厂模式　　B. 观察者　　C. 适配器　　D. 以上都是

4. 观察者模式不适用于（　　）。

A. 当一个抽象模型存在两个方面，其中一个方面依赖另一方面，将这二者封装在独立的对象中以使它们可以各自独立的改变和复用

B. 当对一个对象的改变需要同时改变其他对象，而不知道具体有多少个对象有待改变时

C. 当一个对象必须通知其他对象，而它又不能假定其他对象是谁，也就是说你不希望这些对象是紧耦合的

D. 一个对象结构包含很多类对象，它们有不同的接口，而想对这些对象实施一些依赖其具体类的操作

5. 观察者模式定义了一种（　　）的依赖关系。

A. 一对多　　B. 一对一　　C. 多对多　　D. 以上都有可能

6. 关于多个对象想知道一个对象中数据变化情况的一种成熟的模式是（　　）。

A. 观察者模式　　B. 命令模式　　C. 策略模式　　D. 工厂模式

二、填空题

1. __________模式定义对象间的一种一对多的依赖关系，当一个对象的状态发生改变时，所有依赖于它的对象都得到通知并自动更新。

2. 观察者模式定义了一种__________的依赖关系，让多个观察者对象同时监听某一个主题对象。

3. 观察者模式是一种__________模式。

4. 当依赖关系固定（或几乎固定）时，加入一个观察者模式可能只会增加__________。

三、判断题

1. 创建型模式关注的是组织类和对象的常用方法。（　　）

2. 常用的设计模式可分为过程型模式、创建型模式和结构型模式。（　　）

3. 当对象之间存在依赖关系时，就应该使用观察者模式。（　　）

4. 当依赖关系固定（或几乎固定）时，加入一个观察者模式可能只会增加复杂性 。（　　）

5. 一个观察者模式可能只需要处理事件的某种特定情况。 （ ）

四、名词解释

1. 观察者模式
2. 观察者
3. 目标

五、简答题

1. GOF 设计模式按照模式的目的可分为哪三类？其目的分别是什么？
2. 观察者模式的定义要解决什么样的问题？
3. 观察者模式的效果是什么？
4. 观察者模式是如何实现解决方案的？
5. 结构型模式、行为型模式和创建型模式分别包含哪些基本的模式？

六、应用题

1. 给出观察者模式的定义及它的功能，举一个例子说明该模式的适用场景，最后画出对应的类图。

2. 某公司欲开发一套机房监控系统，如果机房达到指定温度，传感器将做出反应，将信号传递给响应设备，如警示灯闪烁，报警器发出警报，安全逃生门自动开启、隔热门自动关闭等，每一响应设备的行为有专门的程序来控制，为支持将来引入新类型的响应设备，用观察者模式设计该系统。

（1）绘制观察者模式结构视图。

（2）给出实例类图并实现代码。

5.4 解释器模式

本节介绍一种常用的行为型模式——解释器（Interpreter）模式。本节将介绍以下内容。

➢ 解释器模式的主要内容。

➢ 解释器模式在案例中的应用。

➢ 解释器模式的关键特征。

解释器模式是一种用于描述如何通过面向对象语言构造一个简单的语言解释器，当需要开发一种新语言时，解释器模式是最合适的选择。现实应用中很少会有构造一种新语言的需求，所以该模式的使用频率相对较低，但是这并不能说明该模式没有意义，相反地，对解释器模式的深入学习会帮助我们对面向对象思想的理解，同时也可以掌握编程语言中语法规则解释的原理及过程。

5.4.1 解释器模式应用需求

提起解释器这个名词，大家应该会感到比较熟悉。例如，在词法分析器中对一个算术表达式进行分析会形成词法单元，继而再通过语法分析器对这些词法单元进行语法分析树的构建，经过这一系列的操作最终会生成一棵抽象的语法分析树。诸如此类的例子还有很多，如正则表达式、编译器等。

解释器模式是如何诞生的呢？应该是从编译原理中受到启发的。假如存在一种这样的解释器，使用它就可以在 Java 语言的基础上再定义一层语言，这种语言可以通过 Java 编写的解释器直接存放到 Java 的环境中并运行。这样一来，若用户需要改变需求，如打算完成其他事件时，只需要修改自己定义的新语言，而对于 Java 编写的代码不需要进行任何的改变就能在 Java 环境中运行，这一点在一定程度上改善了用户的体验。这就好像不管怎么编译，虽然最终由中间代码生成最终代码（机器码）是依赖于相应的机器的，但是编译器却能理解高级语言和低级语言，无论高级语言的程序是怎么样编写的，编译器的代码是不用修改的，而解释器模式就是想做一个建立在 Java 和自定义语言之间的编译器。

在实际软件应用开发中，会频繁地遇到多次重复出现的问题，这些问题并不是毫无章法的，而是有一定的规律性和相似性的。如果将这些问题总结归纳，会形成一种简单的语言，那么这些问题的实例就是该语言的一些句子，这样就可以用解释器模式来实现了。

在企业运营中，模型运算可以说是不可或缺的，分析者通过对现有数据的统计、预测未来有可能涌现的商机。模型运算一般来说是需要海量数据的，例如构建一个模型公式，用来分析某一城市不同居民的消费出入，进而改变公司的业务方向。一般的模型运算会有一个或多个运算公式，通常是加减乘除四则运算，也会有少量的复杂运算。在一个具体的金融业务中，模型公式肯定是相当复杂的，即使只涉及加减乘除四则运算，但是在公式中有可能会有十多个参数，最烦恼的是上百个不同的业务的获取参数路径也会不同，本节我们要做的就是如何实现简化复杂性问题。

在上述例子中，我们可以发现存在着一直重复发生的问题，如加减乘除四则运算，虽然公式每次都不同，有时是 a * b - c，有时是 a + b * c - d，公式千变万化，但是都是由加、减、乘、除 4 个非终结符来连接的，我们就可以使用解释器模式解决这个问题。

5.4.2　解释器模式解决方案

假设有一种特定类型的问题，并且此类问题发生的频率非常高，那么就值得把该类问题的各个实例表示为一个简单语言的句子，如此便可构造一个解释器，该类问题就可以通过此解释器来解决。

为分析的对象专门定义一种语言，在此基础上进一步定义该语言的语法表示，最后设计一个解析器来解释语言中的句子。也就是说，通过编译语言的方式去分析应用中的实例。语法表达式处理的接口就通过这种模式实现的，此接口会解释特定的上下文。

此处提到的语法是一种用于描述语言语法结构的形式规则。句子是语言的基本单位，是语言集中的一个元素，它由终结符构成。例如，中文中的“句子”的语法如下：

〈句子〉:: = 〈主语〉〈谓语〉〈宾语〉

〈主语〉:: = 〈代词〉 | 〈名词〉

〈谓语〉:: = 〈动词〉

〈宾语〉:: = 〈代词〉 | 〈名词〉

〈代词〉:: = 你 | 我 | 他

〈名词〉:: = 研究生 | 小华 | 设计模式

〈动词〉:: = 是 | 学习

如上所示，该语法规则中包含了 7 条语句。第 1 条语句表示的是表达式的组成方式，其中主语、谓语和宾语是紧跟着第 1 条语句后面的 3 个语言单位的定义。每条语句定义的字符串（如主语和谓语）均称为语言单位或语言构成部分。符号“:: =”表示的是“定义为”，通过符号右边的内容来定义和说明其左边的语言单位。语言单位有非终结符表达式和终结符表达式之分，例如，在本规则中的句子、主语、谓语、宾语、代词、名词、动词都是非终结符表达式，它们的组成元素仍然可以是一个表达式，也可以进行进一步划分；而代词、名词、动词左边的组成元素都是最基本的语言单位，无法再进行分解，因此它们都是终结符表达式。

除了对一个语言使用语法规则来表示，还可以使用语法树来更直观地表示一个语言结构，语法树是句子结构的一种树型表示法，它代表了句子的推导结果，它使读者更容易理解句子语法结构的层次。每个语法规则的语言实例都可以表示为一个语法树。语法树描述了如何构成一个复杂的句子，通过对语法树的分析，可以识别出语言中的非终结符表达式和终结符表达式。图 5 - 15 是语法树示意图。

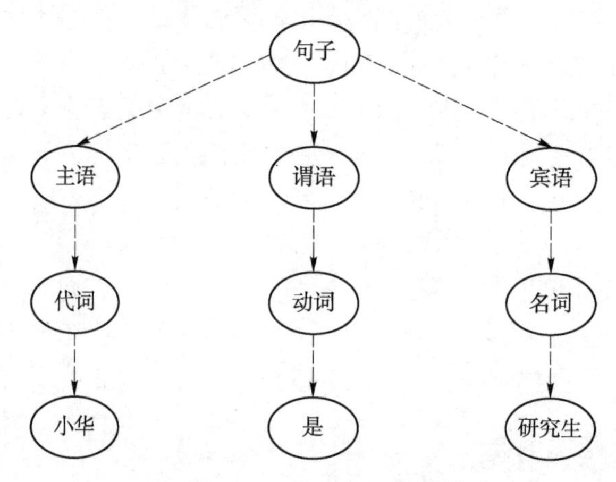

图 5 - 15　语法树示意图

举个简单的例子，中英文翻译器在我们的学习工作中几乎是一个必备的工具，它可以实现把英文翻译成中文，或者把中文翻译成英文来供用户参考学习。其设计的主要目的就是将不同种类的语言进行翻译、解释，使用户更加容易理解其他种类的语言。解释器模式与中英文翻译器有着相似的逻辑，该模式实现了一个表达式接口，该接口解释了一个特定的上下文。主要对于一些固定语法构建一个解释句子的解释器。

为了更便于理解解释器模式，首先对解释器模式中的参与者进行介绍。

抽象解释器（Abstract Expression）：声明一个所有具体表达式都要实现的抽象接口，接口中主要是一个 interpret( ) 方法，称为解释操作。具体的解释任务由各个实现类来完成。

终结符表达式（Terminal Expression）：是抽象表达式的子类，用来实现语法中与终结符相关的操作，语法中的每个终结符都对应一个具体的终结表达式。终结符一般是语法中的运算单元，举个简单的例子，对于一个简单的公式 a = b + c，其中 b 和 c 就是终结符，对应的解析 b 和 c 的解释器就是终结符表达式。

非终结符表达式（Nonterminal Expression）：是抽象表达式的子类，用来实现语法中与非终结符相关的操作，语法中的每条规则都有一个非终结符表达式与之相对应。非终结符表达式一般是语法中的运算符或者其他关键字，如在公式 a = b + c 中，“ + ”就是非终结符，解析“+”的解释器就是一个非终结符表达式。

上下文环境（Context）：通常包含各个解释器需要的数据或是公共的功能，一般用来传递被所有解释器共享的数据，后面的解释器可以从这里获取这些值。如 a = b + c，我们给 b 赋值 256，给 c 赋值 128。这些信息需要存放到环境角色中。

客户类（Test）：主要任务是将需要分析的句子或表达式转换成使用解释器对象描述的抽象语法树，然后调用解释器的解释方法；当然也可以通过环境角色间接访问解释器的解释方法。图 5 - 16 是解释器模式示意图。

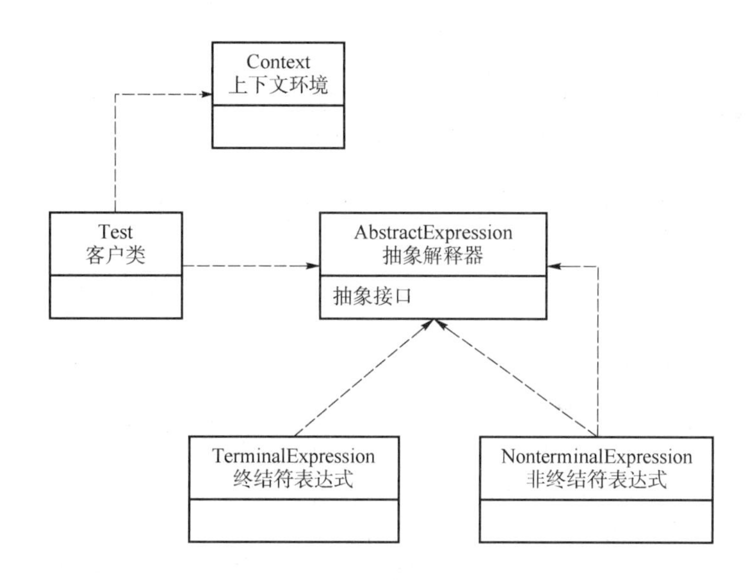

图 5 - 16　解释器模式示意图

了解完解释器模式的各个参与者，下面我们来解决上面案例中提到的问题。

在加、减、乘、除四则运算中仅存在两类元素：运算元素和运算符号，运算元素就是 a、b、c 等终结符号，这些是需要赋值的对象，为何叫它们终结符号呢？因为这些运算元素除了需要赋值，不需要做任何其他的处理，所有的运算元素都对应一个具体的参数，这是语法中最小的单元逻辑，不可再拆分；运算符号就是加、减、乘、除符号，也称为非终结符号，需要我们编写算法进行处理，每个运算符号都要对应处理单元，否则公式无法运行。这两类元素有一个共同的特点就是都必须被解析，不同的地方在于所有的运算元素具有相同的功能，可以用一个类表示，而运算符号则是需要分别进行解释，加法需要加法解析器，减法需要减法解析器，乘法和除法同理。分析到这里，我们就可以先画一个简单的类图。图 5 - 17是四则运算实例结构图。

从 UML 图中可以看出：

（1）定义一个抽象表达式（Abstract Expression）接口，它包含了解释方法 int interpret( )。

（2）定义一个终结符表达式（Terminal Expression）类，并实现抽象表达式接口中的解释方法 public int interpret( )。

（3）定义一个非终结符表达式（Nonterminal Expression）类，它也是抽象表达式的子类，其中又包含案例中的加、减、乘、除运算的四个非终结符的实现，并实现 public int interpret( ) 方法。

最后，定义一个环境（Context）类，它包含解释器需要的数据，完成对终结符表达式

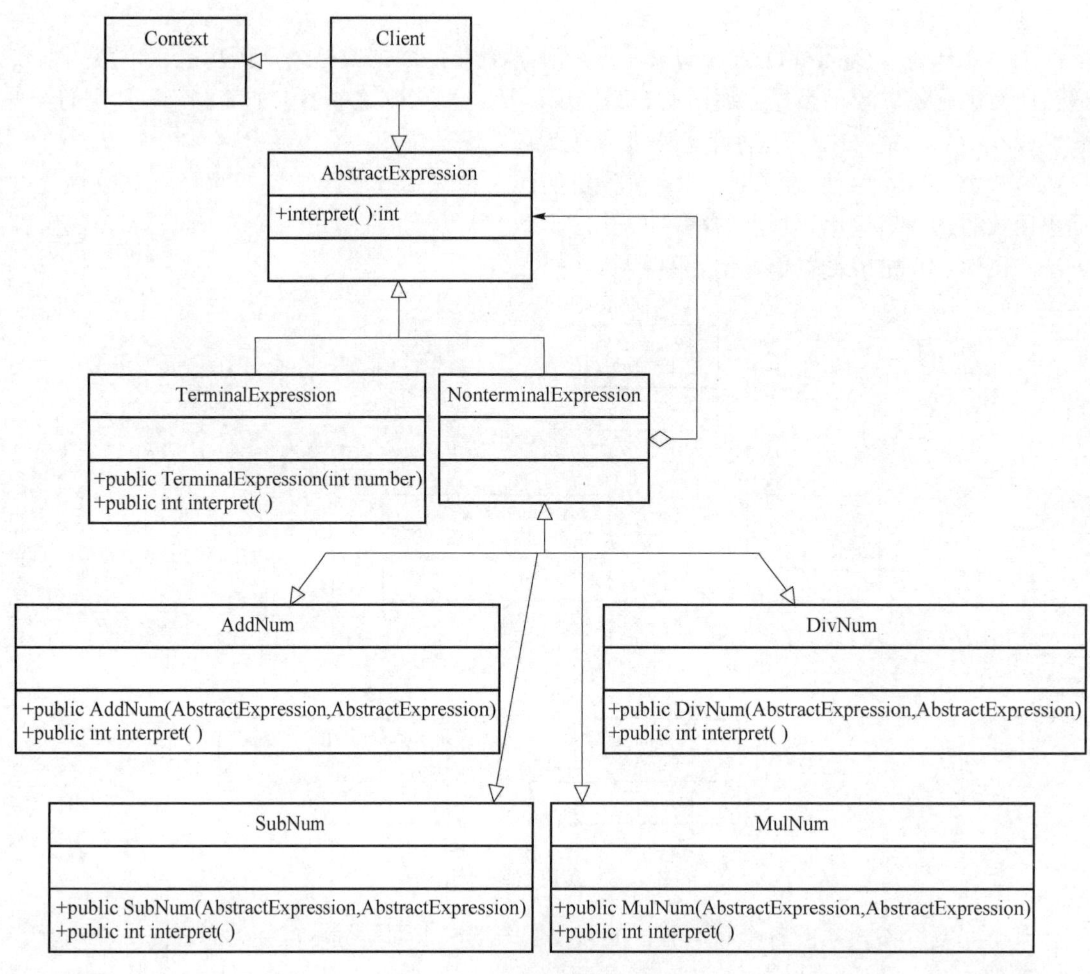

图 5－17　四则运算实例结构图

的初始化。

实现解释器模式的程序代码片段。

```
interface AbstractExpression {
    int interpret();
}
//终端解释器
class TerminalExpression implements AbstractExpression{
    public int number;
    public TerminalExpression(int number) {
        this.number = number;
    }
    @ Override
    public int interpret() {
        // TODO Auto - generated method stub
        return number;
```

```
        }
}
//加法解释器
class AddNum implements AbstractExpression{
        public AbstractExpression num1,num2;
        public AddNum(AbstractExpression num1,AbstractExpression num2) {
              this.num1 = num1;
              this.num2 = num2;
        }
        @ Override
        public int interpret() {
              // TODO Auto - generated method stub
              return num1.interpret() + num2.interpret();
        }
}
```

5.4.3　解释器模式关键特征

(1) 意图。为分析的对象专门定义一种语言，在此基础上进一步定义该语言的语法表示，最后设计一个解析器来解释语言中的句子。

(2) 何时使用。假如有一种特定类型的问题，此类问题发生的频率非常高，那么可以把该类问题的各个实例表示为一个简单语言的句子，如此便可构造一个解释器，该类问题就可以通过此解释器来解释并解决。

(3) 如何解决。定义终结符与非终结符，通过一个备忘录类专门存储对象状态。

(4) 参与者。解释器模式的实现一般需要以下 4 个角色。

抽象解释器（Abstract Expression）：声明一个所有具体表达式都要实现的抽象接口，具体的解释任务由各个实现类来完成。

终结符表达式（Terminal Expression）：用来实现语法中与终结符相关的操作，语法中的每一个终结符都对应于一个具体的终结表达式。

非终结符表达式（Nonterminal Expression）：用来实现语法中与非终结符相关的操作，语法中的每条规则都有一个非终结符表达式与之相对应。

上下文环境（Context）：通常包含各个解释器需要的数据或是公共的功能，一般用来传递被所有解释器共享的数据，后面的解释器可以从这里获取这些值。

客户类（Test）：主要任务是将需要分析的句子或表达式转换成使用解释器对象描述的抽象语法树，然后调用解释器的解释方法；当然也可以通过环境角色间接访问解释器的解释方法。

(5) 主要优缺点。解释器模式的优点如下。

① 可扩展性较好且灵活。

② 增加了新的解释表达式的方式。

③ 易于实现简单语法。

解释器模式的缺点如下。

① 可利用场景比较少。

② 对于复杂的语法比较难维护。

③ 解释器模式会引起类膨胀。

5.4.4 程序代码

```
interfaceAbstractExpression {
    int interpret();
}
```

（1）加法解释器。

```
class AddNum implements AbstractExpression{
    public AbstractExpression num1,num2;
    public AddNum(AbstractExpression num1,AbstractExpression num2) {
        this.num1 = num1;
        this.num2 = num2;

    }
    @ Override
    public int interpret() {
        // TODO Auto - generated method stub
        return num1.interpret() + num2.interpret();
    }
}
```

（2）减法解释器。

```
class SubNum implements AbstractExpression{
    public AbstractExpression num1,num2;
    public SubNum(AbstractExpression num1,AbstractExpression num2) {
        this.num1 = num1;
        this.num2 = num2;

    }
    @ Override
    public int interpret() {
        // TODO Auto - generated method stub
        return num1.interpret() - num2.interpret();
    }
}
```

(3) 乘法解释器。

```
class MulNum implements AbstractExpression{
      public AbstractExpression num1,num2;
      public MulNum(AbstractExpression num1,AbstractExpression num2) {
           this.num1 = num1;
           this.num2 = num2;


      }
      @ Override
      public int interpret() {
           // TODO Auto - generated method stub
           return num1.interpret()* num2.interpret();
      }
}
```

(4) 除法解释器。

```
class DivNum implements AbstractExpression{
       public AbstractExpression num1,num2;
      public DivNum(AbstractExpression num1,AbstractExpression num2) {
           this.num1 = num1;
           this.num2 = num2;
      }
      @ Override
      public int interpret() {
           // TODO Auto - generated method stub
           return num1.interpret()/num2.interpret();
      }
}
```

(5) 终端解释器。

```
class TerminalExpression implements AbstractExpression{
      public int number;
      public TerminalExpression(int number) {
           this.number = number;
      }
      @ Override
      public int interpret() {
           // TODO Auto - generated method stub
           return number;
      }
```

```
}
class Context {
    public int num1;
    public int num2;
    public int getNum1() {
        return num1;
    }
    public void setNum1(int num1) {
        this.num1 = num1;
    }
    public int getNum2() {
        return num2;
    }
    public void setNum2(int num2) {
        this.num2 = num2;
    }
}
```

(6) 客户端测试代码。

```
class ClientDemo {
    public static void main(String[] args) {
        //解析6+8-2的值
        AbstractExpression a = (AbstractExpression) new TerminalEx-
pression(6);
        AbstractExpression b = (AbstractExpression) new TerminalEx-
pression(8);
        AbstractExpression c = (AbstractExpression) new TerminalEx-
pression(2);
        AbstractExpression d = (AbstractExpression) new TerminalEx-
pression(3);

        AbstractExpression result = new SubNum(new AddNum(a,b),c);

        //解析6+8-2/2的值
        AbstractExpression result1 = new SubNum(new AddNum(a,b),new
DivNum(c,c));

        System.out.println(result.interpret());
        System.out.println(result1.interpret());
```

```
        //解析 6* 8 +2 的值
        AbstractExpression result2 = new AddNum(new MulNum(a, b),c);
        System.out.println(result2.interpret());

    }
}
```

练习题 5.4

一、选择题

1. 解释器模式的优点是（　　）。

A. 增加了新的解释表达式的方式　　B. 可扩展性较好且灵活

C. 对于复杂的语法较易维护　　D. 易于实现简单语法

2. 解释器模式的角色不包括（　　）。

A. Interpreter 角色　　B. Abstract Expression 抽象解释器

C. Terminal Expression 终结符表达式　　D. Nonterminal Expression 非终结符表达式

3. 下面的类图表示的是什么设计模式？（　　）

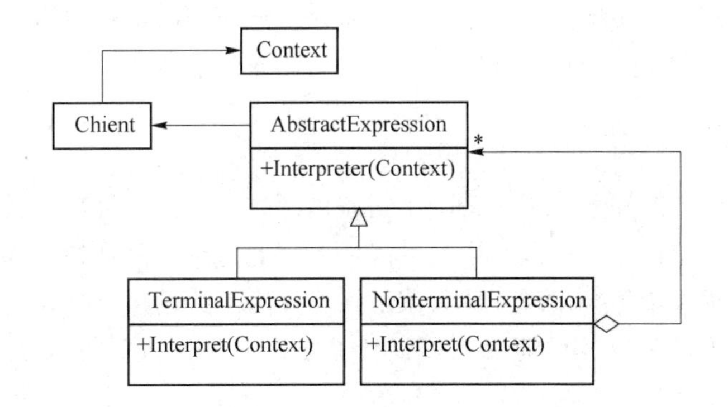

A. 观察者模式　　B. 迭代器模式

C. 抽象工厂模式　　D. 解释器模式

二、判断题

1. 解释器模式是属于行为型模式，通常较少使用。（　　）

2. 解释器模式的可利用场景很多。（　　）

3. 在设计模式中，“效果” 只是指 “原因和结果”。（　　）

三、名词解释

1. 解释器模式

2. 抽象解释器

3. 终结符表达式

4. 非终结符表达式

5. 上下文环境类

四、简答题

1. 解释器模式主要包含的角色有哪些？请简要分析。

2. 简单叙述解释器模式的意图和目的。

五、应用题

1. 用解释器模式来构建一个简单的计算器，可以实现简单的四则运算。

2. 开发一套简单的数据库同步指令，通过此指令可以对数据库中的数据和结构进行备份。例如，输入指令“COPY VIEW FROM Src TO Des”表示将数据库 Src 中的所有视图对象都复制到数据库 Des 中。尝试使用解释器模式来设计并实现该数据库的同步指令。

5.5 备忘录模式

本节介绍一种常用的行为型模式——备忘录（Memento）模式。本节将介绍以下内容。

➢ 备忘录模式的主要内容。

➢ 备忘录模式在案例中的具体应用。

➢ 备忘录模式的关键特征。

本节将介绍一种可以在软件中实现“后悔”机制的设计模式，即备忘录模式。软件系统的“月光宝盒”说的就是备忘录模式，它提供了一种状态恢复的实现机制，使系统中的某个对象可以恢复到某个历史状态。通过对备忘录模式应用需求的分析，了解备忘录模式在软件应用中的实现机制，并通过具体的案例展现备忘录模式效果。

5.5.1 备忘录模式应用需求

在不破坏封装性的前提下，去获得一个对象内部的状态，并且在此对象之外能够存储我们保存的这个状态。这样，就可以在以后的应用中将此对象恢复到先前保存的状态。

在软件使用过程中难免会出现一些失误的操作，为了给用户更好地使用体验，对于这些失误的操作，需要提供一种“后悔”机制，让系统可以回到失误操作之前的状态，这就是备忘录的模式动机。

一提到备忘录，大家脑海里的第一反应就是手机里的备忘录。日常生活中，我们会经常使用备忘录来记录一些比较重要的或者容易遗忘的信息，与之相关的应用有很多，常见的如游戏存档功能。我们玩的大部分游戏中一般都具有存档功能，主要是为了下一次登录游戏时可以从上一次退出的环节继续游戏，或者对复活点进行存档。

在人们所接触的各种各样的应用产品中，只要细心一点就可以发现其实很多应用都提供了“后悔”机制。如记事本、Word、Eclipse 、Photoshop 等应用，若要撤销操作，则只需要在键盘中按“Ctrl + Z”组合键就可以使文档恢复到上一次编辑的状态；再如在浏览器中的后退键 、上面提到的游戏中的状态存档功能、数据库的事务管理中的回滚操作、数据库的备份与操作系统的备份操作、棋盘类小游戏中的悔棋功能、redo log 日志重新编辑功能等。

5.5.2 备忘录模式解决方案

在现实世界中，当人们犯下错误后，内心都无比希望有一种“后悔药”可以弥补自己的过失，让自己重新开始，但是残酷的是现实中并没有这种“后悔药”。不一样的是在计算机应用中，计算机使用者同样会频繁地犯各种各样的错误，那么在计算机环境下是否可以提供“后悔药”给他们呢？

经过大量的学习和研究，人们发现“后悔药”在计算机应用中竟然是存在的，并且它是相当有必要被使用的。这个“后悔药”功能主要可以使用备忘录模式来实现，通过这种模式能够让系统恢复到先前的某个特定的历史状态。

在软件开发的过程中，我们总会遇到需要记录一个对象的内部状态的情况，这样做的目的就是为了允许用户取消不确定或者错误的操作，能够恢复到原来的状态。

由此可见，备忘录模式需要记录一个对象的内部状态，当用户想撤销当前操作时，可以使数据恢复到用户想要的先前状态。为了允许用户取消不确定的操作或从错误中恢复过来，必须事先将状态信息保存在某处，这样才能将对象恢复到先前的状态。图5－18是撤销操作示意图。

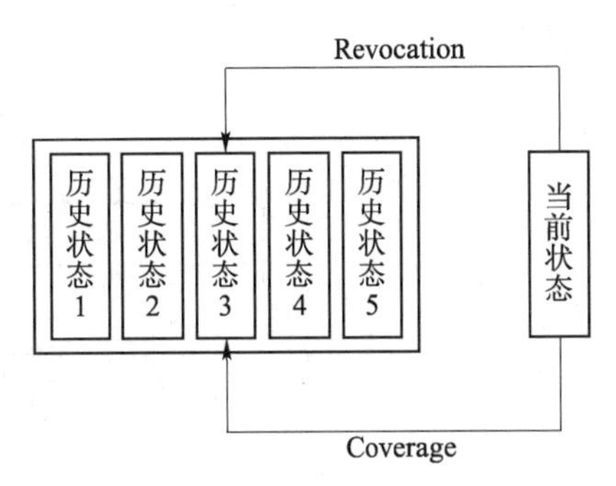

图5－18　撤销操作示意图

那么如何实现将某个对象的状态信息保存在某处呢？

对一个对象来说，其部分或所有的状态信息会被封装在此对象中，这就导致此对象的状态不可以被其他对象访问，也就说明不可能在此对象之外保存它的状态信息。而备忘录模式就解决了这个问题。

一个对象中一般都封装了很多属性，这些属性的值会随着程序的运行而变化。当我们需要保存某一时刻对象的某些值时，我们就再创建一个对象，将当前对象中的一些属性保存到新的对象中；当我们需要恢复时再从新的对象中取出属性值即可。也就是说，在不破坏封装性的前提下，获取一个对象的内部状态，并在该对象之外保存这些状态。这样以后就可以通过该对象恢复到原先保存的状态。这就是备忘录模式的主要思想。

备忘录模式包含原发器、备忘录、负责人三个角色。一个备忘录对象通常封装了原发器的部分或所有的状态信息，而且这些状态对其他对象来说是不可见的，也就是说，不能在备忘录对象之外保存原发器状态，原发器用描述当前状态的信息初始化该备忘录。只有原发器可以向备忘录中存取信息。

为了达到对备忘录对象封装的目的，我们可以采用对备忘录的调用进行相应的控制的方式。

➢ 对于原发器而言，它可以直接调用备忘录的所有信息。允许原发器访问返回到先前状态所需的所有数据。

➢ 对于负责人而言，只负责备忘录的保存并将备忘录传递给其他对象。

➢ 对于其他对象而言，只需要从负责人处取出备忘录对象并将原发器对象的状态恢复，而无须关心备忘录的保存细节。

也就是说，需要备份的类是原发器，备份的数据保存在备忘录中，由负责人来管理备忘录。

备忘录对象有以下两个接口。

➢ 窄接口：负责人对象及其他的除原发器对象的所有对象，只可以看到的是备忘录对象的窄接口（Narrow Interface），这个窄接口只允许它把备忘录对象传给其他的对象。

➢ 宽接口：与负责人对象看到的窄接口相反的是，原发器对象可以看到一个宽接口（Wide Interface），这个宽接口允许它读取所有的数据，也就是说原发器可以获取备忘录对象的内部的数据，以便根据这些数据恢复这个原发器对象的内部状态。图 5－19 是备忘录模式示意图。

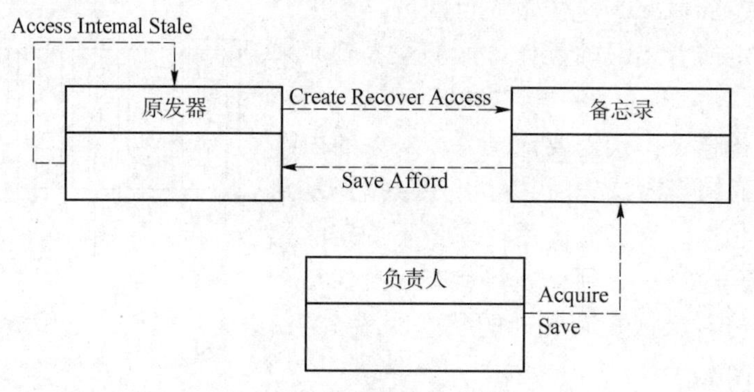

图 5－19　备忘录模式示意图

下面我们将在一个实际的案例中使用备忘录模式，通过这个案例来帮助大家更好地了解和掌握备忘录模式。

在这里我们以一个趣味游戏为例介绍备忘录模式，实现场景为挑战 BOSS 大战。在游戏开始之前，也就是打 BOSS 之前，角色的血量、能量都是满值，我们可以将角色此时的状态存档。如此，在和 BOSS 大战的过程中，当由于操作不佳或者操作失误导致血量和能量大量损耗时，我们就可以将我们的状态恢复到刚刚开始的存档点，继续以最佳的状态和 BOSS 大战。

在该案例中需要解决的是，如何做到保存并且恢复数据的相关状态场景，这里我需要使用三个类：游戏角色类（Originator）、备忘录类（Memento）、负责人类（Caretaker）。

游戏角色类：记录当前自身的内部状态信息，提供创建备忘录和恢复备忘录数据的功能，实现其他业务功能。它可以访问备忘录中的所有信息，可以根据需要决定备忘录存储自己的哪些内部状态。游戏角色类中必须含有两个函数，一个是 saveStateToMemento( ) 函数，用来创建备忘录对象，并将需要备份的数据保存到该对象中；另一是 getStateFromMemento(Memento Memento) 函数，用来恢复数据，将传入的备忘录对象中的数据取出来，并赋给当前对象中的属性。

备忘录类：负责存储游戏角色类的内部状态信息，在需要时提供这些内部状态给游戏角色类，并防止游戏角色类之外的其他对象访问备忘录类。备忘录有两个接口，负责人类只能看到备忘录的窄接口，负责人类只能将备忘录传递给其他对象。游戏角色类能够看到一个宽接口，允许游戏角色类访问返回到先前状态所需的所有数据。

负责人类：主要对备忘录类进行管理，提供保存与获取备忘录类的功能，但其不能对备忘录类的内容进行访问与修改。

在上述案例中，blood 表示血量，energy 表示能量。在游戏开始时，我们可以保存一下游戏状态，如果没有打赢，我们就可以从之前保存的状态处重来。可想而知，如果我们并未存档，就要从头来过。

所以为了避免从头来过，减少不必要的时间损失，在游戏开始时就将游戏中的状态信息保存起来，在这里我使用 Originator 类中的 saveStateToMemento( )方法来将当前的游戏的内部状态信息保存到 Memento 类中。当游戏失败后，可以使用 Originator 类中的 getStateFromMemento(Memento Memento)方法来恢复之前保存的游戏状态，直接退回到开始游戏的地方，完全不需要从最开始的初级阶段开始游戏。

使用了备忘录模式后，在给我们提供 Originator 类的基础上还给我们提供了 Memento 类和 Caretaker 类。我们的客户端只需要在需要备份的地方调用 saveStateToMemento( )方法，在需要还原的地方调用 getStateFromMemento(Memento Memento) 函数。如果需要备份的属性发生了变化，那么也只是第三方类库 Orginator、Mementor 需要进行修改，对于客户端来说，代码不需要做任何修改。图 5 - 20 是备忘录模式结构图。

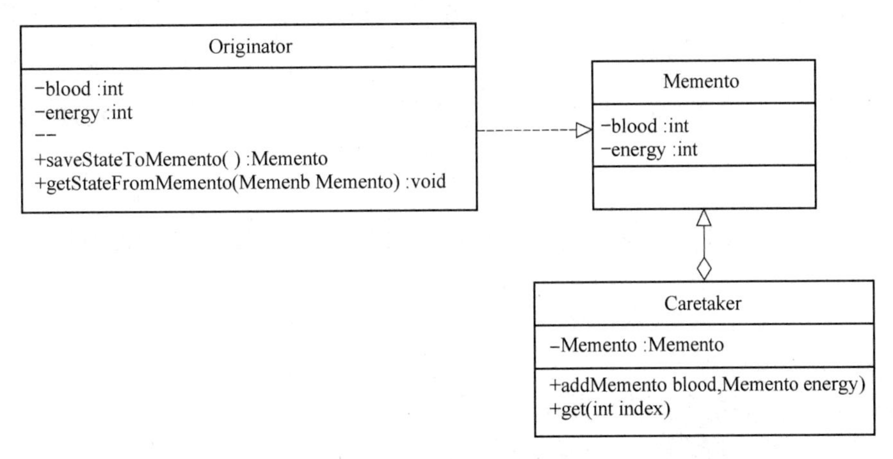

图 5 - 20　备忘录模式结构图

实现备忘录模式的程序代码片段如下。

```
public class Originator {
     public Memento saveStateToMemento(){
            return new Memento(blood,energy);
        }
public void getStateFromMemento(Memento Memento){
            blood = Memento.getBlood();
            energy = Memento.getEnergy();
        }
}     //这里主要给出保存和获取备忘录的代码片段
public class Memento {
     private int blood;
     private int energy;
}
```

5.5.3　备忘录模式关键特征

（1）意图。在不破坏封装性的这个前提下，去获得一个对象内部的状态，并且在此对象之外能够存储我们保存的这个状态。这样，我们就可以在以后的应用中将此对象恢复到先前保存的状态。

（2）何时使用。很多时候我们总是需要记录一个对象的内部状态，这样做的目的就是允许用户取消不确定或者错误的操作，能够恢复到原先的状态。

（3）如何解决。通过一个备忘录类专门存储对象状态。

（4）参与者。备忘录模式的实现一般需要以下三个角色。

发起人（Originator）：主对象，记录当前时刻自身的内部状态信息，提供创建备忘录和恢复备忘录数据的功能。

备忘录（Memento）：备忘录对象，负责存储主对象的内部状态信息，在需要时提供这些内部状态给主对象。

负责人（Caretaker）：主要对备忘录对象进行管理，提供保存与获取备忘录对象的功能。

（5）应用实例。数据库事务的回滚、棋盘类游戏的悔棋、浏览器回退键、游戏存档等。

（6）主要优缺点。

备忘录模式的优点如下。

① 备忘录模式为使用者提供了一种可以恢复状态的机制，这种机制能够让使用者较为便捷地回到自己想要回到的某个历史状态。

② 使用者不需要了解状态的保存细节，实现了信息的封装。

备忘录模式的缺点如下。

会消耗大量的资源。假如类中的成员变量太多，就会导致占用比较多的资源，而且每次保存都会占用一定的内存。

5.5.4　程序代码

```
package memento;
/* 游戏角色* /
public class Originator {
      private int blood;
      private int energy;
      public int getBlood() {
            return blood;
      }
      public void setBlood(int blood) {
            this.blood = blood;
      }
      public int getEnergy() {
            return energy;
      }
```

```
    public void setEnergy(int energy) {
        this.energy = energy;
    }
    public Memento saveStateToMemento(){
            return new Memento(blood,energy);
        }
public void getStateFromMemento(Memento Memento){
            blood = Memento.getBlood();
            energy = Memento.getEnergy();
        }
}
package memento;
/* 备忘录* /
public class Memento {
    private int blood;
    private int energy;
public Memento(int blood,int energy) {
        this.blood=blood;
        this.energy=energy;
}
public int getBlood() {
        return blood;
}
public int getEnergy() {
        return energy;
}
}
package memento;
import java.util.ArrayList;
import java.util.List;
public class CareTaker {
        private List<Memento> mementoList = new ArrayList<Memento>
();//定义一个集合存放备忘录的内容
        public void add(Memento blood,Memento energy){
        //添加初始值的血量,能量
            mementoList.add(blood);
            mementoList.add(energy);
        }
        public void add1(Memento blood,Memento energy){
```

```
            //添加游戏后的血量,能量
                    mementoList.add(blood);
                    mementoList.add(energy);
                }
            public Memento get(int index){
            //索引保存初始和游戏后血量、能量的关系
                return mementoList.get(index);
            }
    }
    package memento;
    public class MementoPatternDemo {
        public static void main(String[] args) {
            Originator originator = new Originator();
            CareTaker careTaker = new CareTaker();
            originator.setBlood(100);
            originator.setEnergy(100);
    careTaker.add(originator.saveStateToMemento(),originator.saveState-
ToMemento());
            System.out.println("初始状态:"+"血量值:"+originator.getB
    lood()+","+"能量值:"+originator.getEnergy());
            originator.setBlood(30);
    originator.setEnergy(30);careTaker.add1(originator.saveStateToMemento
(),originator.saveStateToMemento());
            System.out.println("战斗中的状态:"+"血量值"+originator.g
    etBlood()+","+"能量值:"+originator.getEnergy());
            System.out.println("迅速恢复");
originator.getStateFromMemento(careTaker.get(1));
    //取出第一次还没玩游戏时的状态,数组是从0开始,这里不是数组,所以索引从1开始
            System.out.println("恢复后的状态:"+"血量值"+originator.g
    etBlood()+","+"能量值:"+originator.getEnergy());
            System.out.println("又玩了一会");originator.getStateFromMe-
mento(careTaker.get(2));
    //取出第二次正在玩游戏时的状态
            System.out.println("又玩了一会后的状态:"+"血量值:"+origi
    nator.getBlood()+","+"能量值:"+originator.getEnergy());

    }
    }
```

练习题 5.5

一、选择题

1. 一种类似“后悔药”的机制是（　　）。

A. 备忘录模式　　B. 观察者模式　　C. 后悔模式　　D. 终结者模式

2. 备忘录模式不包括下面哪个角色？（　　）

A. Originator 发起人　　B. Memento 备忘录　　C. Caretaker 负责人　　D. Record 记录

3. 包括发起人、备忘录、负责人三个角色的模式是（　　）。

A. 工厂模式　　B. 单例模式　　C. 备忘录模式　　D. 适配器模式

4. 以下哪项不属于备忘录模式的效果？（　　）

A. 保持封装边界　　B. 它简化了原发器

C. 使用备忘录可能代价很高　　D. 定义了一对多的依赖

5. 以下哪项不属于发起人角色的功能？（　　）

A. 记录内部状态信息　　B. 访问备忘录的所有信息

C. 存储原发器的内部状态信息　　D. 创建备忘录和恢复备忘录数据

二、简答题

1. 备忘录模式的定义，它要解决什么问题？

2. 备忘录模式涉及哪几个角色，并分别进行简单阐述。

3. 请简要分析备忘录模式的优缺点。

三、应用题

某软件公司正在开发一款网络游戏，为了给玩家提供更多方便，在游戏过程中，可以设置一个恢复点，用于保存当前的游戏场景。如果在后续游戏过程中，玩家角色“不幸牺牲”，玩家可以返回到先前保存的场景，从恢复点开始重新游戏，试用备忘录模式实现。

（1）绘制备忘录模式结构视图。

（2）给出实例类图及实现代码。

5.6　迭代器模式

本节介绍一种常用的行为型设计模式——迭代器（Iterator）模式，在面向对象编程中，迭代器模式是一种最简单、最常见的设计模式。它可以让用户透过特定的接口逐个访问容器中的每个元素而不用了解底层的实现。本节将介绍以下内容。

- 迭代器模式的主要内容。
- 迭代器模式的应用场景。
- 介绍迭代器模式为简单的子系统构造接口。

本节通过讨论需求的问题来了解迭代器模式，以及迭代器模式的应用场景，叙述处理新需求变更的途径。通过具体的案例分析，掌握迭代器模式不同算法的解决方案及其效果。

此外，也可以实现特定目的版本的迭代器。迭代器模式在访问数组、集合、列表等数据时，尤其是数据库数据操作时，是非常普遍的应用，但因为该模式太普遍了，所以各种高级语言都对它进行了封装。

迭代器模式是针对聚合对象而生的，用于对一个聚合对象进行遍历，对于聚合对象而言，肯定会涉及对集合的添加和删除操作，面向对象设计原则中有一条就是单一职责原则。迭代器模式提供了一种方法顺序访问一个聚合对象中的各个元素，而又无须暴露该对象的内部实现，尽可能地分离这些职责，用不同的类承担不同的责任，同时也支持遍历元素的操作。引入迭代器，可以将数据的遍历功能从聚合对象中分离出来，聚合对象只负责存储数据，遍历数据的功能交由迭代器来完成。迭代器模式就是用迭代器类来承担遍历集合的职责，这样既可以做到不暴露集合的内部结构，又可以让外部代码透明地访问集合内部的数据。

现在的电视节目的选择就是迭代器的一个例子，电视都提供了面板和遥控器两种节目选择方式，都有“下一个”按钮和“上一个”按钮来控制转换不同的频道。频道选择器就是迭代器，遥控器就是具体的迭代器，节目频道就是聚合（Aggregate），电视机存储的频道就是具体的聚合对象。在软件开发过程中，很多的编程语言提供了迭代器，程序员不需要了解聚合的具体内部结构，从而达到了获取聚合对象的目的。

5.6.1 迭代器模式应用需求

一个聚合对象，如列表（List）或者一个集合（Set），应该提供一种方法来让用户访问它的元素，同时又不需解释它的内部结构。此外，针对不同的操作，可能要以不同的方式遍历这个列表。在迭代器模式中，提供一个外部的迭代器来对聚合对象进行访问和遍历，迭代器定义了一个访问该聚合元素的接口。这一模式的关键思想是将对列表的访问和遍历，从聚合对象中分离出来并放入一个迭代器对象中。迭代器对象负责跟踪当前的元素，即迭代器知道哪些元素已经遍历过了。

5.6.2 迭代器模式解决方案

在实例化列表迭代器前，必须提供待遍历的聚合对象。一旦有了该列表迭代器的实例，就可以顺序地访问该列表的各个元素。迭代器和列表是耦合在一起的，而且客户对象必须知道遍历的是一个列表而不是其他聚合结构。迭代器模式是一种对象行为型模式。图 5－21 是迭代器模式类图。

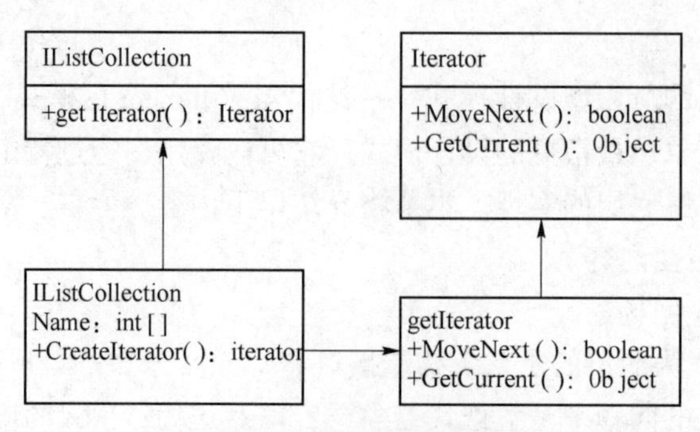

图 5－21 迭代器模式类图

（1）抽象聚合角色（Aggregate）：负责提供创建具体迭代器角色的接口，一般是一个接口提供一个创建 iterator( )的方法，用于创建一个迭代器对象。类似于 Java 语言中的 Collection 接口、List 接口、Set 接口等。具体代码如下。

```
package IListCollection;
public interface IListCollection {
public Iterator getIterator();
}
```

(2) 抽象迭代器角色 (Iterator): 负责定义访问和遍历元素的接口，GetCurrent 操作返回表列中的当前元素，使当前元素指向列表的第一个元素，MoveNext 操作将当前元素指针向前推进一步，指向下一个元素，也就是完成了这次遍历。具体代码如下。

```
package IListCollection;
public interface Iterator {
    public boolean MoveNext();
    public Object GetCurrent();
}
```

(3) 具体聚合角色 (IListCollection): 就是实现抽象容器的具体实现类，如 List 接口的有序列表实现 ArrayList，List 接口的链表实现 LinkedList，Set 接口的哈希列表的实现 HashSet 等。

(4) 具体迭代器角色 (getIterator): 实现迭代器接口，并要记录遍历中的当前位置，具体代码如下。

```
package IListCollection;
public class ConcreteList implements IListCollection{
    public int nums[] = {1,3,5,7,9};
    @ Override
    public Iterator getIterator() {
        // TODO Auto - generated method stub
        return new NumsIterator();
    }
    private class NumsIterator implements Iterator{
        int index;
        @ Override
        public boolean MoveNext() {
            if(index < nums.length) {
            return true;
        }
            return false;
        }
        @ Override
        public Object GetCurrent() {
            if(this.MoveNext()) {
```

```
                return nums[index++];
            }
            return null;
        }
    }
}
```

将遍历机制与列表对象分离使我们可以定义不同的迭代器来实现不同的遍历策略，而无须在列表接口中列举它们。在迭代器模式中，可以通过集合类 CreateIterator( ) 方法得到迭代器对象 ConcreteIterator，该迭代器对象具体实现了对具体集合 ConcreteAggreagate 的遍历方法，通过它可以访问并使用集合中的元素。

在迭代器模式中，有以下两种具体的实现方法。

① 白箱聚合+外禀迭代子。

② 黑箱聚合+内禀迭代子。

白箱聚合向外界提供访问自己内部元素的接口，从而使外禀迭代子可以通过集合提供的方法实现迭代功能；黑箱聚合不向外界提供遍历自己内部元素的接口，因此集合的成员只能被集合的内部方法访问，由于内禀迭代字恰好是集合的内部成员，因此可以访问集合元素。

在面向对象设计时根据单一职责原则，对象承担的职责越少，该对象的稳定性就越高，受到的约束也就越少，重复使用也方便。职责分离可以很好地降低彼此间的耦合度，其中的关键是对被分离的职责进行封装，以抽象的方式建立起彼此之间的关系。

聚合是管理和组织数据对象的数据结构。一个必要的基本功能是存储数据，其中包含数据的类型、大小、空间的分配等。除能够存储数据，还必须提供遍历访问内部数据的方式，从而根据不同的情况提供不同的实现，后者的功能是可以分离的。将遍历聚合对象的这一行为提取出来，并且封装到迭代器中，这就是迭代器的本质。

5.6.3 迭代器模式关键特征

（1）意图。提供一种顺序访问一个聚合对象中各个元素的方法，而又不需暴露该对象的内部表示。

（2）动机。这一模式的关键思想是将对列表的访问和遍历从列表对象中分离出来并放入一个迭代器对象中。迭代器类定义了一个访问该列表元素的接口。迭代器对象负责跟踪当前的元素，它知道哪些元素已经遍历过了。

（3）主要优缺点。

迭代器模式的优点如下。

① 迭代器模式分离了集合对象的遍历行为，抽象出一个迭代器类来负责，这样既可以不暴露它的内部表示，又可以让外部代码透明地访问集合内部数据。

② 迭代器模式为遍历不同的集合结构提供了一个统一的接口，从而支持同样的算法在不同的集合结构上进行操作。

③ 增加新的聚合类和迭代器类都很方便，无须修改原来的代码，满足开闭原则。

迭代器模式的缺点如下。

① 增加新的聚合类需要对应增加新的迭代器类，类的个数成对增加，一定程度增加了系统的复杂性。

② 迭代器模式是为容器而存在的，因此它仅适用于对容器的访问。

（4）重要作用。

① 迭代器支持以不同的方式遍历一个聚合复杂的对象，可用多种方式进行遍历。例如，代码生成和语义检查要遍历语法分析树。代码生成可以按中序或者按前序来遍历语法分析树。迭代器模式使改变遍历算法变得很容易，仅需用一个不同的迭代器的实例代替原来的实例即可。同时也可以定义迭代器的子类以支持新的遍历。

② 迭代器简化了聚合的接口，有了迭代器的遍历接口，聚合本身就不再需要类似的遍历接口了。这样就简化了聚合的接口。

③ 在同一个聚合上可以有多个遍历，每个迭代器都保持它自己的遍历状态。因此用户可以同时进行多个遍历。

（5）参与者。

① 迭代器（Iterator）：迭代器定义访问和遍历元素的接口。

② 具体迭代器（Concrete Iterator）：具体迭代器实现迭代器接口是对该聚合遍历时跟踪当前位置。

③ 聚合（Aggregate）：可复用面向对象软件的基础下载聚合定义创建相应迭代器对象的接口。

④ 具体聚合（Concrete Aggregate）：具体聚合实现创建相应迭代器的接口，该操作返回具体迭代器的一个适当的实例。

（6）应用。迭代器模式的应用场景如下。

① 访问一个聚合对象的内容而无须暴露其内部表示。

② 允许对聚合的多级遍历访问而不会互相受影响。

③ 提供一个一致接口来遍历访问聚集中的不同结构 。

5.6.4　程序代码

通过前面对 Java 中迭代器使用方法的讲解，读者可以看到，在 Java 的集合类中，可以很好地实现迭代器模式。本节将通过对 Java 中迭代器模式实现方法的讲解，使读者加深对迭代器的认识。

```
Package IListCollection;
public interface IListCollection{
      public Iteratorget Iterator();
}
Package IListCollection;
public interface Iterator{
public boolean MoveNext();
public Object GetCurrent();
}
Package IListCollection;
```

```
public class Concrete ListimplementsIListCollection{
      publicintnums[] = {1,3,5,7,9};
      @ Override
      publicIteratorgetIterator(){
            //TODOAuto - generatedmethodstub
            returnnewNumsIterator();
      }
      Private class NumsIteratorimplementsIterator{
            intindex;
            @ Override
            Public boolean MoveNext(){
                  if(index < nums.length){
                  return true;
            }
                  Return false;
            }
            @ Override
            Public Object GetCurrent(){
                  if(this.MoveNext()){
                         return nums[index + +];
                  }
                  Return null;
            }
      }
}
//客户端调用
Package IListCollection;
Public class Program{
Public static void main(String[]args){
      ConcreteListnums = newConcreteList();
for(Iteratoriter = nums.getIterator();iter.MoveNext();){
      intnums1 = (int)iter.GetCurrent();
      System.out.println("Nums:" + nums1);
}
      }
}
```

运行结果:

```
Nums:1
Nums:3
```

```
Nums:5
Nums:7
Nums:9
```

练习题 5.6

一、选择题

1. 下列关于迭代器模式表述错误的是（　　）。

A. 迭代器简化了聚合的接口，有了迭代器的遍历接口

B. 聚合：可复用面向对象软件的基础下载 – 聚合定义创建相应迭代器对象的接口

C. 在同一个聚合上不可以有多个遍历，每个迭代器都保持它自己的遍历状态

D. 迭代器模式是为容器而存在的，因此它仅适用于对容器的访问

2. 下面属于行为型模式的有（　　）。

A. 迭代器模式　　　　B. 工厂方法模式

C. 生成器模式　　　　D. 抽象工厂模式

3. 迭代器模式的意图是（　　）。

A. 提供一种顺序访问一个聚合对象中各个元素的方法，而又不需暴露该对象的内部表示

B. 为一个对象动态连接附加的职责

C. 希望只拥有一个对象，但不用全局对象来控制对象的实例化

D. 定义一系列的算法，把它们一个个的封装起来，并且使它们可相互替换

4. 迭代器模式为遍历不同的集合结构提供了一个（　　）的接口，从而支持同样的算法在不同的集合结构上进行操作。

A. 不同　　B. 一样　　C. 共同　　D. 都不是

二、填空题

1. 迭代器模式的关键思想是将对列表的访问和遍历从列表对象中分离出来并放入一个__________中。

2. 迭代器模式是针对__________而生的。

3. 迭代器模式提供了一种方法__________访问一个聚合对象中的各个元素。

4. 迭代器模式是为__________而存在的，因此它仅适用于对__________的访问。

5. 迭代器模式使改变遍历算法变得很容易：仅需用一个不同的迭代器的__________代替原先的__________即可。

三、判断题

1. 迭代器模式简化了聚合的接口，有了迭代器的遍历接口，聚合本身就不再需要类似的遍历接口了。（　　）

2. 迭代器模式就是用迭代器类来承担遍历集合的职责，这样可以做到暴露集合的内部结构。（　　）

3. 迭代器模式的关键思想是将对列表的访问和遍历从列表对象中分离出来并放入一个迭代器对象中。（　　）

4. 抽象容器角色：负责提供创建具体迭代器角色的接口。（ ）
5. 抽象迭代器角色：负责定义访问和遍历元素的接口。（ ）

四、名词解释

迭代器模式。

五、简答题

1. 使用迭代器模式的主要原因是什么？
2. 迭代器模式如何由一系列抽象容器角色（IListCollection）来实现？
3. 迭代器模式如何被用于模式框架中？

第三部分　设计模式提高篇

第 6 章　专家经验——用模式组合的方法解决问题

本章重点讲解怎样用模式思考复杂问题。例如，在着手设计一个复杂系统时，应该从哪里入手呢？先获取系统的细节部分，再将它们组合起来？还是先从整体分析，再将其逐步分解？本章后面给出了具体案例，进一步阐述怎样用模式组合来解决问题，以及模式组合解决问题的步骤，最后对两种不同的解决方案进行对比。

本章介绍内容如下。

➢ 如何用模式去思考问题及设计模式的使用原则。
➢ 应用模式组合解决设计问题。
➢ 应用模式组合解决问题的步骤。
➢ 不同解决方案的对比分析。

6.1　应用模式组合解决设计问题

通过前面章节的学习，现在我们已经理解了各种设计模式。其实模式就是在某种背景下某个问题的一种解决方案，这个解决方案能够百万次地重复应用，即在面对某种变化时，系统仍然能够使用。

在面向对象编程中，一个重要的设计原则就是“低耦合，高内聚”。耦合也称块间联系，是对软件系统架构中各模块相互联系紧密程度的一种度量。低耦合就是减少各模块之间的联系，使模块尽量保持独立，在一个模块发生变化时，其他模块不需要发生很大的变化。降低耦合度的一个重要途径就是使用设计模式。之所以采用设计模式去思考复杂问题，是因为各种具体的设计模式往往有助于思考如何分解责任。

如何去使用设计模式，在使用过程中应该遵循怎样的规则，本节将重点叙述以下三个使用设计模式的原则。

➢ 开闭原则——大多数设计模式的基础。
➢ 封装变化原则——设计模式的重点。
➢ 从背景设计原则。

6.1.1　开闭原则

软件对象（类、模块、方法等）应该对扩展是开放的，对修改是关闭的。例如，某购物网站原来只有服务端功能，然而现在要加入客户端功能，根据开闭原则应当在不用修改服务端代码的前提下，增加客户端功能的实现代码。

开闭原则是面向对象设计中最基础的设计原则，但也是设计模式原则中定义最模糊的，它只告诉我们对扩展开放、对修改关闭，但怎样才能做到对扩展开放、对修改关闭，初听起来似乎不近情理，但实际上我们已经见过遵守这一原则的例子。在桥接模式中就可以不修改任何已有的类而增加新的实现（扩展该软件）。

开闭原则为系统开发指引正确的方向，代码越遵守这一原则，就越能适应新的需求变化。

6.1.2 封装变化原则

软件设计的一个目标就是不让一个类封装两个要变化的事物，这样隔离变化点的好处在于，将系统中常变化的部分和较稳定的部分进行隔离，有助于降低系统耦合度，并且可以增加复用性。

很多设计模式的意图中都明显地指出了对问题的解决方案，学习设计模式的一个要点就是发现其解决方案中封装的变化。

桥接模式是封装变化的典型范例。例如，3.3 节的抽象工厂模式，对于笔记本品牌的管理案例，首先对问题进行分析，找到什么在变化，可以看出变化的是品牌的种类和工厂的种类，而共同的概念是品牌和工厂。然后可以用 Brand 类封装品牌种类的概念，Factory 类负责具体的实现。

外观模式一般不封装变化，但是，外观模式在很多情况下处理一个特定的子系统，为这个子系统创建接口，简化系统的使用。当一个新的子系统出现时，也要按照相同的接口创建，从而保证客户对象无须修改。可以看出，外观模式隐藏了子系统上的变化。

适配器模式可以为不同的对象定义一个公共接口，该模式也经常被用到，因为其他模式都要求按接口设计。

设计模式也并非只能封装变化，例如，对于桥接模式而言，该模式不仅定义和封装了抽象和实现中的变化，而且还定义了两组变化之间的关系。在第 3 章的笔记本品牌管理案例中，有了 Brand 类和 Factory 类后，还需要知道它们之间是如何联系的。所以桥接模式也有助于找到对象之间的关系。

6.1.3 从背景设计原则

从背景设计原则也是一个重要原则，因为许多模式都遵循了该原则。例如，4.3 节的桥接模式在设计时，将不同的事物之间的抽象关系与其具体实现分离，那么在决定如何设计 Implementation 类的接口时，需要考虑其背景，即从 Abstraction 派生的类如何使用这些 Implementation 类。

例如，编写一个系统需要在不同的操作系统上能够绘制各种几何图形，则需要不同的实现，就会想到用桥接模式。根据桥接模式定义，几何形状将通过一个公共接口使用该实现部分（也就是要编写的绘制程序）。从背景设计原则的意思就是，首先应该理解几何形状的需求，即要绘制什么。这些形状将决定实现所需的行为。

6.2 应用模式组合解决设计问题的步骤

6.1 节对模式设计原则进行了介绍，如何在系统设计中使用模式，或者说使用哪一种模式，是本节要重点叙述的问题。对于一个复杂的系统，只使用单个模式是不够的，应该考虑模式之间如何协作。Alexander 对于设计是这样理解的：“设计常常被认为是一种合成过程，一种将事物放在一起的过程，一种组合过程。按照这种观点，整体是由部分组合而成的。先有部分，然后才有整体的形式。”

虽然 Alexander 讨论的是建筑学，但该思想对于每个软件开发人员都值得借鉴与学习。首先确定一个系统要做什么，需要哪些部分功能，然后将它们组合起来。换句话讲，先找出类，然后再观察它们之间如何协作。组合这些部分后，再考虑它们是否符合整体概念。在整个设计过程中，虽然有从部分到整体的组合，但重点考虑的仍然是部分。

对于一个面向对象的系统设计而言，这些部分就是类和对象。首先找出这些类和对象，然后为它们定义行为和接口。

要解决一个设计问题时，学会用模式思考，不一定能达到最好的效果，但经验证明，用模式思考能为设计带来突破性的思路。在《设计模式解析》一书中正式地表述了用模式组合解决问题的过程。

（1）找出模式。在问题中找出模式。

（2）分析和应用模式。对于要进行分析的模式集合，执行步骤①~④。

① 按背景的创造顺序将模式排序。根据为其他模式创造背景的情况将模式排序。其原理是，一个模式将为另一个模式创造背景，不会出现两个模式互为彼此创建背景的情况。

② 选择模式并扩展设计。根据排序选择列表中的下一个模式，用它得到高层的概念设计。

③ 找到其他模式。找到在分析中可能出现的其他模式，将它们添加到要分析的模式集合中。

④ 重复。对还没有融入概念设计的模式重复以上步骤。

（3）添加细节。根据设计的需要添加细节，即扩展方法和类的定义。

接下来，给出一个示例具体说明如何用模式组合解决设计问题。

例如，我们要设计一个 3D 图形打印程序，可以打印柱体、球体、锥体、不规则体或特殊体，现在要使用专家系统打开并读取模型。图6-1是系统的高层视图。

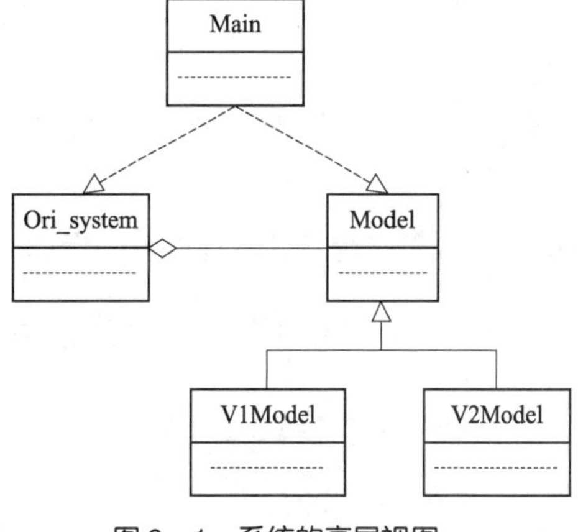

图 6-1　系统的高层视图

在高层次上，我们希望系统可以执行以下步骤。

（1）分析该 3D 图形。

（2）根据图形组成，确定需要打印的形状。

（3）生成打印设备可以读取的指令集。

（4）在需要打印某个形状的图形时，将对应指令提供给打印设备。

从以上分析可以看出，该打印模型目前不是面向对象的，若在使用该系统（称为 V1 模型）时，需要手工维护每次查询的上下文，则与图形形状相关的每次调用，都必须知道图形的形状是什么。由于业务不断地扩展，因此一些特殊体或者不规则体可能发生变化。我们要做的事情就是在这些图形形状不断变化的情况下，在不更换原始系统的同时，该 3D 打印设备仍能继续使用。

现在，对该打印系统进行改进（称为V2模型），图6－2是V2模型的图形形状类图，使图形形状存储为对象的形式。当系统请求模型时，它将代表模型的一个对象。在V2模型中具有一个对象集合，其中每个对象都代表一个形状。由于专家系统很昂贵，在不改变专家系统的前提下，可以调用V1和V2模型。

根据上述给出的用模式组合解决问题的过程，下面将进一步讨论该3D图形打印系统用模式组合解决的步骤。

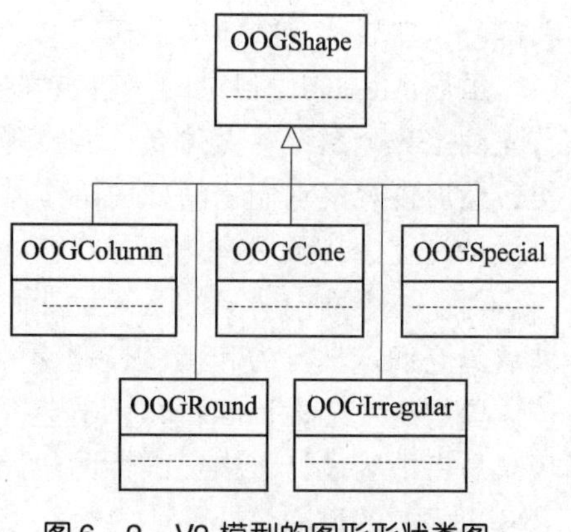

图6－2　V2模型的图形形状类图

6.2.1　模式组合解决问题：步骤1

利用模式组合解决问题首先要找到问题中出现的模式，如何在问题中找出这些模式。

在6.1节中给出了设计模式的几种使用原则，我们可以从这几个设计原则着手寻找问题中用到的模式。首先分析该3D图形打印系统，上述案例中说明图形形状不断发生变化，可以想到桥接模式。因为桥接模式是封装变化的典范，并且该3D图形打印系统有两个子系统V1和V2，则可以利用外观模式，该模式一般去处理一个特定的子系统，为这个子系统创建接口。无论是桥接模式去封装变化，还是外观模式为子系统创建接口，都要求按照接口进行设计，所以也要用到适配器模式。

那么，可以利用桥接、外观和适配器这3种设计模式对该3D图形打印系统进行设计。

6.2.2　模式组合解决问题：步骤2a

下面对步骤1中找到的模式逐一进行分析，然后根据每种模式如何对其他模式创造背景进行选择。

在刚接触设计模式时，可能很难确定哪种模式明确地依赖其他模式，或者说哪种模式如何为其他模式创造背景。

在确定背景时，首先需要对每种模式的概念有深入地理解。

（1）适配器模式将现有接口转化为用户希望的另一个接口。

（2）桥接模式将抽象部分与实现部分分离，使它们可以独立变化。

（3）外观模式为子系统的一组接口提供统一界面，简化操作。

在考虑模式出现的先后顺序时，可以根据模式的概念，分析哪种模式为另一种模式创造背景，对于背景的定义是：指衬托其他事物的要素或背后力量。寻找背景时有这样一条规则“先考虑系统中需要什么，然后再关注如何创建它们”。

在这里需要引入一个概念“最高模式”，所谓最高模式是指系统中为其他模式建立背景的一、两种模式，该模式将约束其他模式的行为。最高模式也称为最外层模式或背景设定模式。接下来详细分析怎么确定最高模式。

从各模式的概念开始分析。适配器模式定义为“将一个类的接口转化成客户希望的另一个接口”。对于该3D图形打印系统，需要适配的接口是OOGShape。Bridge模式定义为“将一个抽象的多个具体实例与其实现分离”。这里，抽象是Shape，实现是V1系统和V2系统。根据两种模式的定义可以看出，桥接模式需要适配器模式来修改OOGShape接口，即桥接模式需要依赖适配器模式。明显地，桥接模式与适配器模式之间存在某种关系。

桥接模式将Shape与V1系统和V2系统分离，无须确切地知道如何使用V1系统和V2系统，实际上桥接模式定义了抽象实现，不需要关注如何具体地实现并且在什么情下使用它。在定义了抽象实现后，具体实现将进行适配，从而能够从抽象实现类中派生。

上述提到用适配器模式修改OOGShape接口，但是如果没有桥接模式，接口就不存在。可以看出，适配器模式的作用正是将V2系统的接口修改成桥接模式定义的实现接口。

因此，桥接模式为适配器模式创造了背景，我们可以将适配器模式从最高模式排列中排除。

外观模式的定义是“为子系统中的一组接口提供一个统一的接口”。换言之，外观模式可以简化接口，使子系统更加容易使用。这里，就可以用外观模式来简化V1系统的接口，但是需要思考一个问题，创建的新接口供哪部分使用?

因此，桥接模式为外观模式创造了背景，则桥接模式就是最高模式。

6.2.3 模式组合解决问题：步骤2b

上节已经找到最高模式，接下来进行进一步扩展设计。从前面讲解中可以得知，Model类由许多的Shape组成。图6-3是Model类的设计结构图。

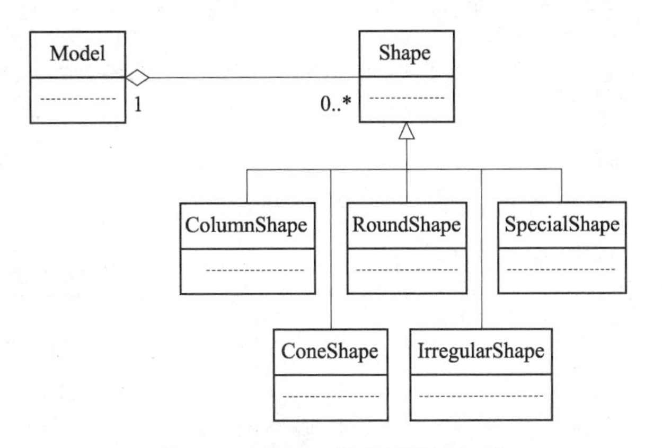

图6-3 Model类的设计结构图

桥接模式将Shape类与不同的3D图形打印系统实现联系起来。这里的Shape类就是桥接模式中的Abstraction类，V1系统、V2系统就是Implemention类。下面开始实现桥接模式，图6-4是使用桥接模式的结构图，然后再去替换其中的类。

在3D图形打印系统中，Shape类对应于Abstraction类，有5种不同类型的形状，即柱体、球体、锥体、不规则体或特殊体。V1系统和V2系统的实现为：将实现类命名为V1Impl和V2Impl。如图6-5所示解决方案，将类替换为标准的桥接模式。

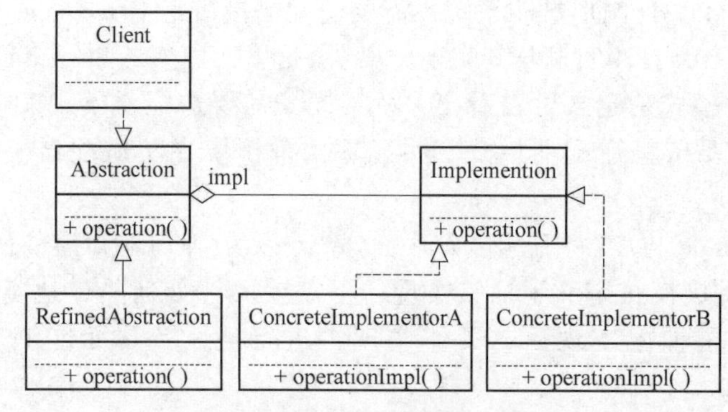

图 6－4　使用 Bridge 模式的结构图

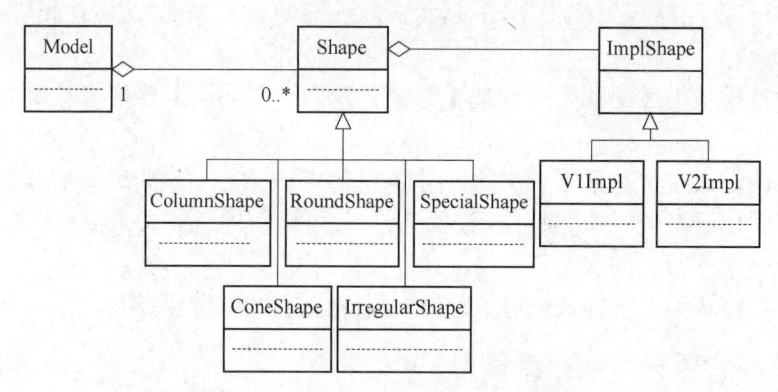

图 6－5　使用 Bridge 模式的解决方案图

6.2.4　模式组合解决问题：重复步骤 2a 和步骤 2b

接下来，检查其他模式是否能为别的模式创造背景，上节已经找到最高模式为桥接模式，则再只需考虑外观模式和适配器模式即可。在本例中，外观模式和适配器模式与设计的部分存在关联，而它们彼此无关。因此，可以选择任意一个应用，这里给出桥接模式结合外观模式的解决方案。图 6－6 是应用桥接模式结合外观模式的解决方案图。

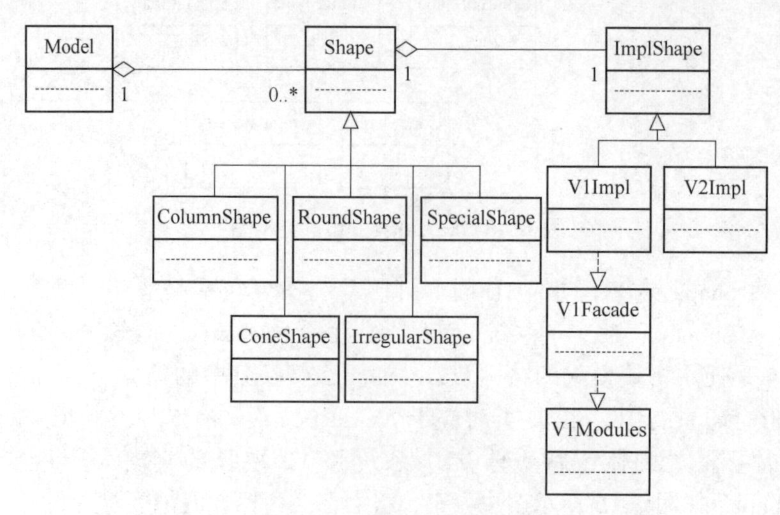

图 6－6　应用桥接模式结合外观模式的解决方案图

应用外观模式后，意味着在 V1 系统与使用它们的 V1Impl 对象之间插入一个 Facade 对象。V1Facade 有一些简化的方法，需要与 V1Impl 完全的操作对应。V1Facade 中的每个方法看起来都像是对 V1 系统的一系列函数调用。

调用这些函数所需信息的种类将决定 V1Impl 如何实现。例如，使用 V1 系统时，需要告诉它使用哪个模型。因此，所有使用 V1Facade 的 V1Impl 对象都需要知道该信息。

6.2.5　模式组合解决问题：重复步骤 2a 和步骤 2b

上节应用了外观模式后，现在应用适配器模式。图 6－7 是应用桥接模式、外观模式和适配器模式的解决方案类图。

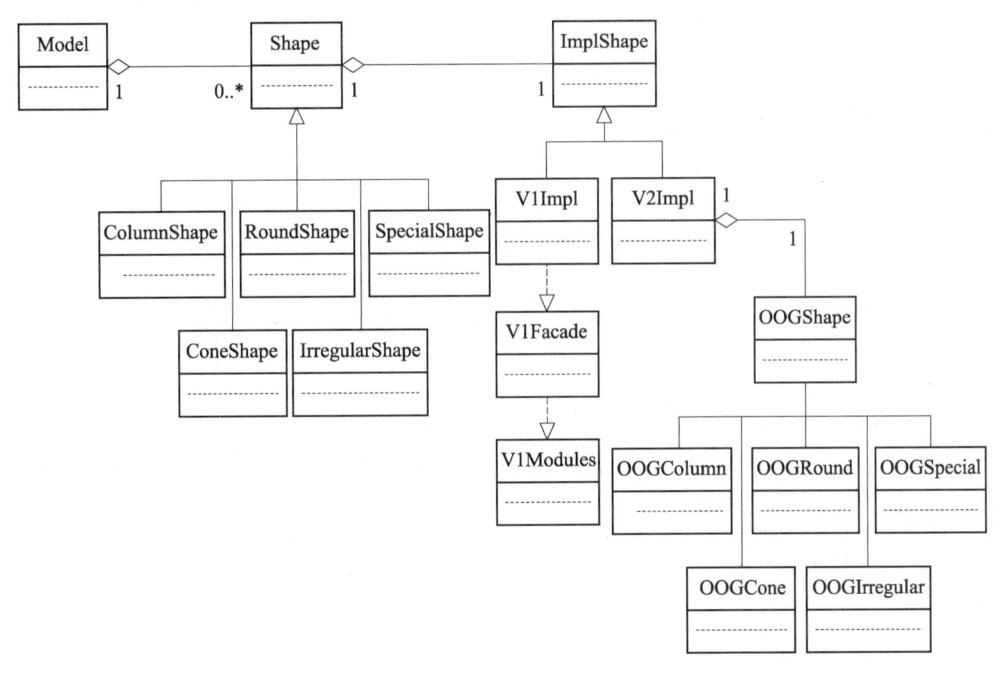

图 6－7　应用桥接模式、外观模式和适配器模式的解决方案类图

6.3　不同解决方案的对比分析

根据本节的学习，相信大家对利用模式去思考复杂的设计问题有一定认识。对于 3D 图形打印系统，我们接下来对新的解决方案（见图 6－7）与原系统采用面向对象解决方案（见图 6－8）进行比较。

从图 6－8 可以看出，一个 Model 对象容纳 Shape 对象。这里的 Shape 对象可能是柱体、球体、锥体、不规则体或特殊体。如不规则体可能是 V1 形状或 V2 形状。V1 形状使用 V1 系统，V2 形状使用 V2 的 OOGIrregular。这样需要每次先区分是哪个形状，再去分别调用 V1 系统还是 V2 系统，这样比较烦琐。

再看新的解决方案，主要有一个 Model 对象容纳 Shape 对象。Shape 对象可能是柱体、球体、锥体、不规则体或特殊体。所有的形状都有一个实现，可能是 V1 实现或者 V2 实现。

V1 实现可以通过使用 V1Facade 访问 V1 系统，而 V2 实现只需去适配 OOGShape。可以看出，通过模式组合设计比原设计方案简单得多。

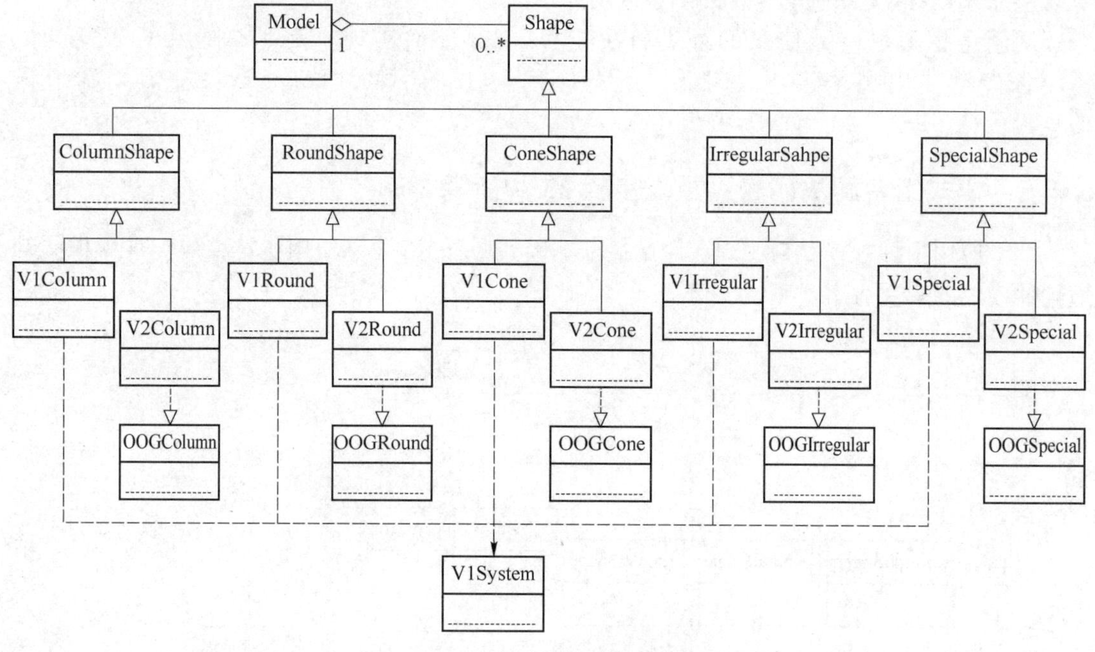

图 6－8　面向对象解决方案结构图

练习题 6

一、选择题

1. 设计模式具有的优点是（　　）。

A. 程序易于理解

B. 适应需求变化

C. 减少开发过程中的代码开发工作量

D. 简化软件系统的设计

2. 开闭原则的含义是一个软件实体（　　）。

A. 应当对扩展开放，对修改关闭

B. 应当对修改开放，对扩展关闭

C. 应当对继承开放，对修改关闭

D. 以上都不对

3. 当我们想创建一个具体的对象而又不希望指定具体的类时，可以使用（　　）模式。

A. 创建型　　B. 结构型　　C. 行为型　　D. 以上都可以

4. 实现部分各不相同，但都可以通过一个通用接口被访问是（　　）模式中的包容变化。

A. Bridge　　B. Abstract Factory

C. Adapter　　D. Facade

5. 典型情况下，(　　) 模式不包容变化。

A. Bridge　　　　B. Abstract Factory

C. Adapter　　　　D. Facade

二、填空题

1. 设计模式的思想根源是____________基本原则的宏观运用。

2. 模式不仅是包容变化，它们还是变化之间的____________。

3. Alexander 告诉我们要从____________进行设计，在设计我们的片段出现的细节之前先创建____________。

4. 系统中为其他模式确定场景的一种或两种模式，这种模式将对其他模式能做的事进行____________。

5. 模块、方法和类应该对扩展是__________的，而对更改是__________的。

三、判断题

1. 开闭原则的含义是一个软件实体应当对扩展开放，对修改关闭。　(　　)

2. 常用的设计模式可分为过程型、创建型和结构型。　(　　)

3. 适配器模式和外观模式总是在别的场景中被定义。　(　　)

4. 识别可能性不等于必须跟着可能性走。　(　　)

5. 认为一个实际不会出现的模式出现会起反作用。　(　　)

四、名词解释

1. 模式组合。

2. 高内聚和低耦合。

3. 开闭原则。

4. 最高模式。

五、简答题

1. 一个问题总能用模式定义吗？如果不能，还需要做什么？

2. 在 3D 图形打印系统中，为什么认为桥接模式是最高模式？

六、论述题

请问除了本章中提到的桥接、外观和适配器这三种模式，还能想到什么模式能解决该 3D 图形打印系统面临的问题。

第7章　利用设计模式解决复杂问题

本章重点介绍如何在具体的场景使用共性与可变性，分析发现需求的共性及变化，如何用分析矩阵处理问题域中的变化，了解模式内部的基本元素和关联关系以及模式之间的关联关系，最后熟练地使用设计模式解决复杂问题。

本章介绍内容如下。

- 共性与可变性分析的内容，在具体的场景的使用。
- 分析矩阵。
- 模式内部关联分析。
- 模式之间关联关系。
- 在设计模式中，如何解决复杂问题。

软件开发中最大的难点之一是处理问题域中的变化。当我们第一次看到软件需求时，看似有一定规律但也存在着各种各样的特殊情况。如何发现需求的共性及其变化，一般有两种解决方案，即共性与可变性分析、分析矩阵。

7.1　共性与可变性分析

共性与可变性分析（Commonality and Variability Analysis，CVA）是在问题域中寻找结构，共性分析是不会随时间而改变的结构；而可变性分析寻找的是可能随时间变化的结构，可变性分析只有在定义过的上下文中才有意义。从架构的视角看，共性分析为架构提供长效的要素，而可变性分析则促进它适应实际使用所需。换句话说，如果在问题领域中每个变化都是特定的具体情况，那么共性分析就定义了在该问题领域中将这些具体情况联系起来的概念。共性的概念将用抽象类表示，可变性分析所发现的变化将通过派生类实现。

在设计程序时，使用共性可变性分析业务领域，首先需要找到存在的各种概念（共性）和具体的实现（可变性），这时最重要的是关注其中的概念，当然在这一过程中也会在问题域中发现许多可变性，在所需概念都找到后，继续为封装这些概念的抽象类制定接口。下面介绍三种以下视角。

（1）概念视角：通过分析确定对象需要完成的操作。

（2）规约视角：通过分析需求制定一些调用对象的规则。

（3）实现视角：实现需求并能实现解耦。

规约视角和概念视角的关联：规约视角定义了用来处理一个概念所有情况所需的抽象类或接口；规约视角和实现视角的关联：对于已给定的规约视角，如何实现这个特定的情况（变化点）。

图7-1是共性与可变性分析、三种视角和抽象类之间的关系图。

由图7-1可知，共性分析与问题领域的概念视角互相关联，可变性分析与具体情况的实现视角互相关联，规约视角处于概念视角和实现视角之间，共性分析与可变性分析都与规约视角有关，它描述了怎样与一组概念上相似的对象沟通，每个对象都具体表现出共性概念

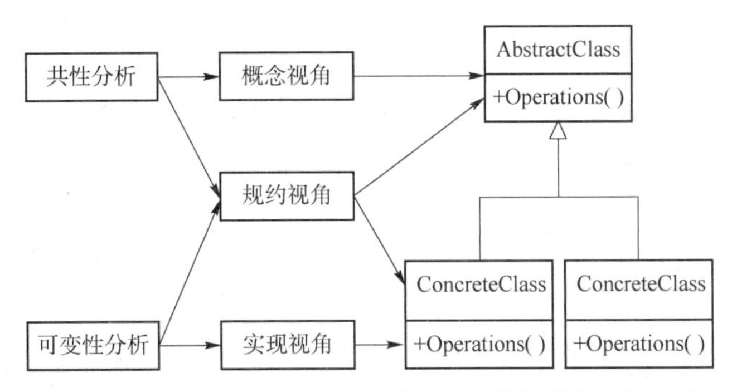

图 7－1　共性与可变性分析、三种视角和抽象类之间的关系图

的变化情况，规约视角也称为实现层次上的抽象类或接口。

下面我们将使用共性与可变性分析对生产手机的实例进行分析，假设有一个手机的代工生产商，它可以生产 iPhone 和小米手机，iPhone 耳机和小米耳机及 iPhone 充电器和小米充电器。首先需要分析该问题领域中存在的概念，然后紧密的组织这些概念，其中包括：

（1）不同类型的手机，即 iPhone 和小米手机。

（2）不同类型的耳机，即 iPhone 耳机和小米耳机。

（3）不同类型的充电器，即 iPhone 充电器和小米充电器。

这里所谓手机不同，实际上意味着存在概念“手机”及其变化 iPhone 和小米手机；“耳机”及其变化 iPhone 耳机和 小米耳机；“充电器”及其变化 iPhone 充电器和小米充电器。通过共性与可变性分析得到分析表。表 7－1 是共性与可变性分析表。

表 7－1　共性与可变性分析表

共性（抽象）	变化（具体）
手机类型	iPhone 小米手机
耳机类型	iPhone 耳机 小米耳机
充电器类型	iPhone 充电器 小米充电器

7.2　分析矩阵

前面讨论过的共性与可变化分析可以找到问题领域中的概念及变化，但是如何处理概念中的变化才是难点，尤其是对于一些复杂的需求问题。分析矩阵（Analysis Matrix）可以理清问题领域中那些变化的含义并且能很好地处理。

了解了分析矩阵是什么之后，接下来讲解使用分析矩阵的过程：首先在问题领域中找到要处理的具体情况，然后针对每一种具体情况找到对应的概念。每次找到一个具体条目，就去找对应的通用概念。在分析矩阵中，第一列表示通用概念，后面的每一列表示一种特定的情况，每一行表示实现一个一般规则的具体方式。逐步处理每一种具体情况，对于每一个条目，如果分析矩阵中有它相对应的通用概念，则直接填写到相应的行，否则在分析矩阵中新增加一行来表示这个新概念（也就是扩展矩阵）。最后通过 Strategy 模式处理每一行，通过 AbstractFactory 模式处理每一列（除第一列）。

下面我们将通过实例描述在实际中如何使用分析矩阵。还记得我们在第 3 章 3.3 中配置计算机的案例吗？假设我们可以组装不同 CPU 制造商的计算机，接下来我们将考虑怎样处理这种变化。

初始的需求：只组装 AMD 和 Intel 制造商的计算机。装机工程师需要处理的清单如下，顺序不分先后。

（1）要组装 AMD 和 Intel 制造商的计算机。

（2）根据 CPU 制造商选择 CPU 接口。

（3）根据 CPU 制造商选择显卡。

（4）根据 CPU 制造商选择硬盘。

先将这些需求分为两种情况：AMD 制造商和 Intel 制造商，如表 7－2 所示。

表 7－2　CPU 制造商不同的两种情况

情况	过程
AMD 制造商	选择 AMD 制造商对应的 CPU 接口 选择 AMD 制造商对应的显卡 选择 AMD 制造商对应的硬盘
Intel 制造商	选择 Intel 制造商对应的 CPU 接口 选择 Intel 制造商对应的显卡 选择 Intel 制造商对应的硬盘

首先我们从观察某一种具体的情况开始，一步步给出构建分析矩阵的过程。它的处理过程如表 7－3 至表 7－13 所示。

表 7－3　填写分析矩阵：第一个概念

	AMD 制造商
CPU 接口	选择 AMD 制造商对应的 CPU 接口

继续添加“选择 AMD 制造商对应的显卡”信息，并在分析矩阵中添加一行，如表 7－4 所示，然后处理这一种情况的所有信息（概念），如表 7－5 所示。

表 7－4　填写分析矩阵：第二个概念

	AMD 制造商
CPU 接口	选择 AMD 制造商对应的 CPU 接口
显卡	选择 AMD 制造商对应的显卡

表 7－5　填写分析矩阵：完成第一种情况——AMD 制造商

	AMD 制造商
CPU 接口	选择 AMD 制造商对应的 CPU 接口
显卡	选择 AMD 制造商对应的显卡
硬盘	选择 AMD 制造商对应的硬盘

接下来轮到下一种情况，根据需求所给的信息，填写到对应的表格中，需要注意的是，这些新的信息对第一列中已经存在的概念怎样进行处理。下面继续填表，我们先增加了针对 Intel 情况的一列，如表 7 –6 所示。

表 7 –6 下一种情况的分析矩阵——Intel 制造商

	AMD 制造商	Intel 制造商
CPU 接口	选择 AMD 制造商对应的 CPU 接口	
显卡	选择 AMD 制造商对应的显卡	
硬盘	选择 AMD 制造商对应的硬盘	

假如第一条需求信息是“选择 Intel 制造商对应的硬盘”。从需求信息中我们看到了是关于硬盘，在分析矩阵的第一列已经存在硬盘的概念，将对应的信息填写到对应的表格中，如表 7 –7 所示。

表 7 –7 下一种情况的分析矩阵——Intel 制造商（硬盘信息）

	AMD 制造商	Intel 制造商
CPU 接口	选择 AMD 制造商对应的 CPU 接口	
显卡	选择 AMD 制造商对应的显卡	
硬盘	选择 AMD 制造商对应的硬盘	选择 Intel 制造商对应的硬盘

重复上述过程，直至所有的信息都处理完，如表 7 –8 所示。

表 7 –8 下一种情况的分析矩阵——Intel 制造商（显卡、CPU 接口信息）

	AMD 制造商	Intel 制造商
CPU 接口	选择 AMD 制造商对应的 CPU 接口	选择 Intel 制造商对应的 CPU 接口
显卡	选择 AMD 制造商对应的显卡	选择 Intel 制造商对应的显卡
硬盘	选择 AMD 制造商对应的硬盘	选择 Intel 制造商对应的硬盘

在现实生活中，往往会出现一些新的需求（情况）需要我们处理，（如有的客户需要组装 IBM 制造商的电脑）。当我们在这种情况下发现一个新的概念时，就需要在分析矩阵中增加一列，如表 7 –9 所示。

表 7 –9 扩展分析矩阵

	AMD 制造商	Intel 制造商	IBM 制造商
CPU 接口	选择 AMD 制造商对应的 CPU 接口	选择 Intel 制造商对应的 CPU 接口	选择 IBM 制造商对应的 CPU 接口
显卡	选择 AMD 制造商对应的显卡	选择 Intel 制造商对应的显卡	选择 IBM 制造商对应的显卡
硬盘	选择 AMD 制造商对应的硬盘	选择 Intel 制造商对应的硬盘	选择 IBM 制造商对应的硬盘
CPU 芯片			选择 IBM 制造商对应的芯片

现在对于需求信息中的概念已经非常清晰了，如何实现是我们下一步的任务。观察表 7 –9中的分析矩阵，第一行的概念为“CPU 接口”，包括“选择 AMD 制造商对应的 CPU 接口”“选择 Intel 制造商对应的 CPU 接口” “选择 IBM 制造商对应的 CPU 接口”，这一行表示：

➢ 实现“装配 CPU 接口”的一般规则；

➢ 需要实现的具体规则集——装配不同 CPU 制造商的 CPU 接口。

在分析矩阵中的每一行，其实就是一个一般规则的特定方式的实现，如表 7－10 所示，说明解决每个概念性的方式。

表 7－10　具体实现规则：行

	AMD 制造商	Intel 制造商	IBM 制造商
CPU 接口	配置 CPU 接口的各个方式的具体实现		
显卡	配置显卡的各个方式的具体实现		
硬盘	配置硬盘的各个方式的具体实现		
CPU 芯片	配置 CPU 芯片的各个方式的具体实现		

在分析矩阵的每列就是对每种情况的具体实现，如表 7－11 所示。

表 7－11　具体实现规则：列

	AMD 制造商	Intel 制造商	IBM 制造商
CPU 接口 显卡 硬盘 CPU 芯片	配置 ADM 制造商的电脑时，使用这些实现	配置 Intel 制造商的电脑时，使用这些实现	配置 IBM 制造商的电脑时，使用这些实现

分析完行和列的规则后，继续考虑如何将这些规则转化为设计模式。对表 7－9 进行观察，我们可以使用封装的思想将每行这些具体的规则进行封装，用策略模式实现，如表 7－12所示。

表 7－12　用 Strategy 模式实现

	AMD 制造商	Intel 制造商	IBM 制造商
CPU 接口	这一行对象可以用封装的“CPU 接口”规则的策略模式实现		
显卡	这一行对象可以用封装的“显卡”规则的策略模式实现		
硬盘	这一行对象可以用封装的“硬盘”规则的策略模式实现		
CPU 芯片	这一行对象可以用封装的“CPU 芯片”规则的策略模式实现		

对应的我们再来观察列，每列表示特定的一种情况，每种情况中的具体规则对象均可以使用抽象工厂模式实现，如表 7－13 所示。

表 7－13　用抽象工厂模式实现

	AMD 制造商	Intel 制造商	IBM 制造商
CPU 接口 显卡 硬盘 CPU 芯片	这些对象可以通过使用 Abstract Factory 模式创建	这些对象可以通过使用 Abstract Factory 模式创建	这些对象可以通过使用 Abstract Factory 模式创建

7.3　模式关联分析

前面已经介绍了如何在软件需求中寻找共性和变化及如何处理这些变化，下面我们将简单介绍模式内部基本元素和模式内部的关联关系及各模式之间的关联关系。

（1）模式的基本元素。

➢ 设计模式名称：一般设计模式名称都是根据结构或作用命名的，它可以更好地帮助我们了解模式，使开发者之间交流更方便。

➢ 应用场景：软件设计过程中反复出现的某种特定的场合，描述了在什么时候使用模式更合适。

➢ 解决方案：上述应用场景的解决方案，包括设计的组成部分，它们之间的关联关系、职责分配及协作方式。

➢ 实现效果：使用模式后对整个系统的影响，如对系统的耦合度、可移植性的影响。

Alexander对模式的定义是“在某一背景下某个问题的一种解决方案”，也就是说，模式不仅提供了特定场景，它还提供了处理这些场景的方式。例如，观察者模式描述了一个一对多的依赖关系，让一个或多个观察者对象监察一个主题对象，当主题对象变化后，依赖此对象的观察者就能接收到通知自动更新。适配器模式描述了一个类的接口与客户期望的接口的关系。

（2）模式与模式之间的关联关系。

前面章节我们已经详细介绍了每种设计模式，现在将这些设计模式关联起来，使读者能更好地理解模式之间的关系，真正领悟设计模式的精髓。

本书中介绍的创建型模式（Creational Pattern）包括：原型模式、单例模式、工厂方法模式、抽象工厂模式、建造者模式。创建型模式抽象了类的实例化过程，分离了功能对象的创建和使用，它由两个核心思想组成。

➢ 封装系统中使用的特定的类。

➢ 隐藏特定类的实例创建和结合的方式。

因此，对于整个系统我们仅需要了解的就是那些对象的抽象类所提供的接口。在创建型模式中，各个模式之间的关系是纵横交错的，有时不同创建型模式之间可以相互替代，有时不同创建型模式之间是协作关系，共同实现系统中的某些概念。

结构型模式包括适配器模式、桥接模式、装饰模式、外观模式。结构型模式重点关注的是怎样将类和对象组合形成更大的结构。它又分为类结构型和对象结构型模式。类结构型模式只关注类的组合，是由多个类组合成一个更大的系统，在类结构型模式中通常只有继承关系和实现关系；对象结构型模式关注类与对象的组合，用关联关系在某个类中定义另一个类的实例对象，然后通过这个实例对象调用其方法。

行为型模式包括策略模式、模板方法模式、命令模式、备忘录模式、解释器模式、迭代器模式、观察者模式。行为型模式主要描述多个类或者对象之间如何相互合作，共同实现单个对象无法单独实现的功能，它重点关注算法与对象间的职责怎样分配。一般行为型模式都采用继承机制在类间分派行为。在行为型模式中，我们发现大部分模式的主题会把某个频繁变化的特征用一个对象进行封装，如观察者模式中的Subject对象、命令模式的Command对象、策略模式中的Strategy对象。

7.4 设计模式的应用

根据前面的学习，相信大家对设计模式有更深刻的理解，6.2 节中的 3D 图形打印系统可以打印柱体、球体、锥体、不规则体或特殊体，要使专家系统可以打开并读取模型。V1 系统分析该 3D 图形，根据图形组成，确定需要打印的形状，生成打印设备可以读取的指令集，在需要打印某个形状的图形时，就将对应指令提供给打印设备。V2 系统使图形形状存储为对象的形式，当系统请求模型时，它将代表模型的一个对象。V2 的实现需要调用 OOGShape 接口。

未使用设计模式：每次使用系统之前需要区分要打印的是哪个形状，如不规则体可能是 V1 形状或 V2 形状，V1 形状使用 V1 系统，V2 形状使用 V2 的 OOGIrregular。虽然它可以通过为每个图形创建具体的情况来处理需求是非常简单和直接的，但是这种方式会因为有过高的继承体系导致模块与模块之间高耦合，而模块内部低内聚，并且随着创建的类的数目增加，在未来有可能出现类爆炸。

使用设计模式：使用桥接模式将抽象部分与实现部分分离，也就是将 Shape 与 V1 和 V2 系统分离，然后再使用适配器模式将 V2 系统的接口修改成桥接模式定义的实现接口，用外观模式来简化 V1 系统的接口。由一个 Model 对象容纳 Shape 对象。Shape 对象可能是柱体、球体、锥体、不规则体或特殊体。所有的形状都有一个实现，可能是 V1 实现或者 V2 实现。V1 实现可以通过使用 V1Facade 访问 V1 系统，而 V2 实现只需去适配 OOGShape，其处理过程如图 7－2 所示。

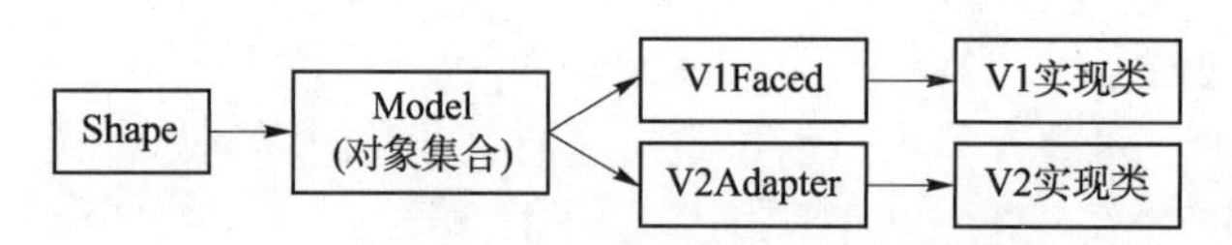

图 7－2　使用设计模式处理图形形状的过程

由于业务不断地扩展，一些特殊体或者不规则体可能发生变化。桥接模式提供很好的系统架构，将抽象部分与实现部分分离，这样在后续的工作中可以使我们快速定位到需要变更的位置（也就是具体的实现），解耦合后可以使我们在修改代码时，对调用者的影响范围尽可能地缩小，也就是只需关注功能的实现部分 V1 和 V2，不会影响到抽象部分 Shape，即不会有修改了某个功能而导致其他地方出现问题的现象。适配器模式可以保证桥接模式定义实现接口与 V2 系统接口一致，外观模式可以简化接口，使子系统 V1 更加容易使用。本实例中桥接模式为一个背景设定模式，适配器模式、外观模式需要依赖它才能实现各自的作用，而桥接模式必须依赖它们才能具体的实现。图 7－2 设计模式的组合结构是可以复用的，它比复用代码更有意义，它会自动带来代码的重用，可以节省开发者大量的时间。另外，每种设计模式都有它独有的名称，它可以使用户更加清晰地理解名称的含义，同时也使开发者之间的交流更加方便。设计模式可以帮助我们改变整个系统的设计，增强系统的可扩展性、健壮性等。从上述的实例中，我们可以明显感觉到使用设计模式的好处及给整个软件系统开发带来的便利。

在软件开发过程中，最难的莫过于需求的不定期变化，这些未知的需求变化是开发人员无法控制的，设计模式可以帮助我们很好地解决这个问题。需要注意的是，在我们使用设计模式时，应用场景一定要与设计模式匹配，如桥接模式中必须具备的条件为：两个独立变化的维度，且这两个维度都需要进行扩展。实例中找到的维度就是 Shape（抽象）、V1 系统（具体）、V2 系统（具体）。如果在应用场景中不存在这两个维度，那么即使使用了设计模式，也不会有任何效果。另外，我们在使用设计模式是不仅要满足已知的功能（打印一些常规的图形），还需要考虑一些未知的需求（特殊体或者不规则体可能发生变化）。

到这里，本书所有的内容都结束了，但是真的都结束了吗？答案是否定的。虽然我们学习了一些设计模式及其应用场景，学习了一些模式组合的使用，学习了设计方式（共性与可变性分析、分析矩阵）及模式内部、模式之间的关联关系，但是设计一个高级的模式架构是没有那么容易的，不仅要处理当下的需求，更要预测未来的变化。所以，与其说我们在这里是一个结束，不如说这又是一个新的开始。同学们，加油！

练习题 7

一、选择题

1. 常用的设计模式可分为（　　）。

A. 创建型、结构型和行为型

B. 过程型、创建型和结构型

C. 对象型、结构型和行为型

D. 抽象型、接口型和实现型

2. 设计模式具有的优点是（　　）。

A. 程序易于理解　　B. 适应需求变化

C. 减少开发过程中的代码开发工作量　　D. 简化软件系统的设计

二、填空题

1. 设计模式是一个____________________的方案，它可以解决____________________问题。

2. 共性分析与问题领域的____________________互相关联，可变性分析与特定情况的____________________互相关联。

三、简答题

1. 什么是共性与可变性分析？

2. 找出共性和可变性的两种方法是什么？

3. 分析矩阵的最左一列、其他列、行分别表示什么？

4. 设计模式的基本要素有哪些？

四、论述题

1. 共性与可变性分析与分析矩阵有什么共同点？

2. 简单阐述模式与模式之间的关联关系，并举例说明。

五、观点与应用题

1. 对于大多数问题领域，分析矩阵都普遍适用吗？

2. 有经验的开发人员可能比没有经验的开发人员更多，在他们清楚什么是正确的实体之前往往过早地关注实体关系。这是你的经历吗？举出一个例子来证实或反驳这个说法。

参 考 文 献

[1] 邵维忠，杨芙清．面向对象的系统分析（第2版）[M]．北京：清华大学出版社，2006.

[2] Grady Booch，Ivar Jacobson，James Rumbaugh. UML参考手册（第二版）[M]．UMLChina译．北京：机械工业出版社，2005.

[3] Erich Gamma，Richard Helm，Ralph Johnson，John Vlissides. 设计模式：可复用面向对象软件的基础[M]．李英军，马晓星，蔡敏，等译．北京：机械工业出版社，2004.

[4] Elisabeth Freeman，Eric Freeman，Kathy Sierra，等．Head First 设计模式[M]．O'Reilly Taiwan公司译．北京：中国电力出版社，2007.

[5] 刘伟，胡志刚，郭克华．设计模式[M]．北京：清华大学出版社，2018.

[6] 刘伟．Java设计模式[M]．北京：清华大学出版社，2018.

[7] Elisabeth Freeman，Eric Freeman，Kathy Sierra，Bert Bates著．深入浅出设计模式[M]．O'Reilly Taiwan公司译．北京：中国电力出版社，2007.

[8] 秦小波．设计模式之禅[M]．北京：机械工业出版社，2010.

[9] Partha Kuchana. Java软件体系结构设计模式标准指南[M]．王卫军，楚宁志，等译．北京：电子工业出版社，2006.

[10] Steven John Metsker，William C. Wake. Java设计模式[M]．龚波，冯军，程群梅，等译．北京；机械工业出版社，2006.

[11] Alan Shalloway，James R Trott. 设计模式精解[M]．熊节译．北京：清华大学出版社，2004.

[12] Dale Skrien. 面向对象设计原理与模式（Java版）[M]．腾灵灵，仲婷译．北京：清华大学出版社，2009.

[13] John Vlissides. 设计模式沉思录[M]．葛子昂译．北京：人民邮电出版社，2010.

[14] 杨帆，王钧玉，孙更新．设计模式从入门到精通[M]．北京：电子工业出版社，2010.

[15] 陈臣，王斌．研磨设计模式[M]．北京：清华大学出版社，2011.

[16] 耿祥义，跃平．面向对象与设计模式[M]．北京：清华大学出版社，2013.

[17] 陈天超．单例设计模式研究[M]．吉林：吉林大学出版社，2016.

[18] Kamalmeet Singh，Adrian Ianculescu，LucianPaul Torje. Java设计模式及实践[M]．北京：机械工业出版社，2010.

[19] 罗伟富．人人都懂设计模式[M]．北京：电子工业出版社，2017.

[20] 于卫红．Java设计模式[M]．北京：清华大学出版社，2018.

[21] The Design Patterns Repository. https://www. pmi. org/disciplined - agile/the - design -

patterns – repository/.

[22] IBM developerWorks 中国 . Java 设计模式 . https://www. ibm. com/deve – loperworks/cn/java/design/.

[23] Java Design Patterns At a Glance. http://www. javacamp. org/design – Pattern/.

附　　录

本书中各种设计模式对应的 Python 代码如下。

1. 创建型模式

1.1 工厂方法模式

```
{
"cells": [
  {
   "cell_type": "code",
   "execution_count": 20,
   "metadata": {},
   "outputs": [
    {
     "name": "stdout",
     "output_type": "stream",
     "text": [
      "create MiPhone! \n",
      "create iphone! \n"
     ]
    }
   ],
   "source": [
    "class Phone:\n",
    "    def __init__(self):\n",
    "        self.trans = dict(MiPhone = u\"create MiPhone! \", IPhone = u\"create iphone! \")\n",
    " \n",
    "    def get(self, phonetype):\n",
    "        try:\n",
    "            return self.trans[phonetype]\n",
    "        except KeyError:\n",
    "            return \n",
    "        \n",
```

```
    "class AbstractFactory:\n",
    "    def get(self, phonetype):\n",
    "        return str(phonetype) \n",
    "   \n",
    "    \n",
    "def get_localizer(a=\"C_phone\"):\n",
    "    models = dict(C_phone=Phone, Factory=AbstractFactory)\n",
    "    return models[a]()\n",
    "\n",
    "M, I = get_localizer(\"C_phone\"), get_localizer(\"Factory\")\n",
    "\n",
    "for phonetype in \"MiPhone  IPhone\".split():\n",
    "    print(M.get(phonetype))"
   ]
  },
  {
   "cell_type": "code",
   "execution_count": null,
   "metadata": {},
   "outputs": [],
   "source": []
  }
 ],
 "metadata": {
  "kernelspec": {
   "display_name": "Python 3",
   "language": "python",
   "name": "python3"
  },
  "language_info": {
   "codemirror_mode": {
    "name": "ipython",
    "version": 3
   },
   "file_extension": ".py",
   "mimetype": "text/x-python",
   "name": "python",
   "nbconvert_exporter": "python",
   "pygments_lexer": "ipython3",
```

```
    "version": "3.7.0"
   },
   "toc": {
    "base_numbering": 1,
    "nav_menu": {},
    "number_sections": true,
    "sideBar": true,
    "skip_h1_title": false,
    "title_cell": "Table of Contents",
    "title_sidebar": "Contents",
    "toc_cell": false,
    "toc_position": {},
    "toc_section_display": true,
    "toc_window_display": false
   }
 },
 "nbformat": 4,
 "nbformat_minor": 2
 }
```


1.2 单例模式


```
 {
 "cells": [
   {
   "cell_type": "code",
   "execution_count": 4,
   "metadata": {},
   "outputs": [
     {
     "name": "stdout",
     "output_type": "stream",
     "text": [
       "2946807523256 singleton\n",
       "2946807523256 sin\n",
       "2946807523256 sin\n"
     ]
 }
   ],
   "source": [
```

```
  "#! /usr/bin/python            单例模式\n",
  "#coding:utf8 \n",
  """ \n",
  "Singleton \n",
  """ \n",
  " \n",
  "class Singleton(object): \n",
  "    """ A python style singleton """ \n",
  " \n",
  "    def __new__(cls, * args, * * kw): \n",
  "        if not hasattr(cls, '_instance'): \n",
  "            res = super(Singleton, cls) \n",
  "            cls._instance = res.__new__(cls) \n",
  "        return cls._instance \n",
  " \n",
  " \n",
  "if __name__ = = '__main__': \n",
  "    class SingleSpam(Singleton): \n",
  "        def __init__(self, a): \n",
  "            self.a = a \n",
  " \n",
  "        def __str__(self): \n",
  "            return self.a \n",
  " \n",
  " \n",
  "    s1 = SingleSpam('singleton') \n",
  "    print (id(s1), s1) \n",
  "    s2 = SingleSpam('sin') \n",
  "    print (id(s2), s2) \n",
  "    print (id(s1), s1)"
]
},
{
"cell_type": "code",
"execution_count": null,
"metadata": {},
"outputs": [],
"source": []
}
```

```
],
"metadata": {
  "kernelspec": {
  "display_name": "Python 3",
  "language": "python",
  "name": "python3"
  },
  "language_info": {
  "codemirror_mode": {
    "name": "ipython",
    "version": 3
  },
  "file_extension": ".py",
  "mimetype": "text/x-python",
  "name": "python",
  "nbconvert_exporter": "python",
  "pygments_lexer": "ipython3",
  "version": "3.7.0"
  },
  "toc": {
  "base_numbering": 1,
  "nav_menu": {},
  "number_sections": true,
  "sideBar": true,
  "skip_h1_title": false,
  "title_cell": "Table of Contents",
  "title_sidebar": "Contents",
  "toc_cell": false,
  "toc_position": {},
  "toc_section_display": true,
  "toc_window_display": false
  }
},
"nbformat": 4,
"nbformat_minor": 2
}
```


1.3 抽象工厂模式

```
{
```

```
"cells": [
  {
  "cell_type": "code",
  "execution_count": 12,
  "metadata": {},
  "outputs": [
    {
    "name": "stdout",
    "output_type": "stream",
    "text": [
      "AMD CPU \n",
      "AMD Mainboard \n"
    ]
    }
  ],
  "source": [
    "#! /usr/bin/python \n",
    "#coding:utf8 \n",
    """ \n",
    "Abstract Factory  抽象工厂模式 \n",
    """ \n",
    " \n",
    "import random \n",
    " \n",
    "class CPU:   \n",
    "    def __init__(self, CPU_factory=None): \n",
    " \n",
    "        self.cpu_factory = CPU_factory \n",
    " \n",
    "    def show_cpu(self): \n",
    "        cpu = self.cpu_factory().get_cpu() \n",
    "        print(str(cpu)) \n",
    "        print(cpu.type()) \n",
    "       \n",
    " \n",
    "# Stuff that our factory makes \n",
    " \n",
    "class Intel: \n",
    "    def type(self): \n",
```

```
    "        return \"Intel Mainboard\"\n",
    " \n",
    "    def __str__(self):\n",
    "        return \"Intel CPU\"\n",
    " \n",
    " \n",
    "class AMD:\n",
    "    def type(self):\n",
    "        return \"AMD Mainboard\"\n",
    " \n",
    "    def __str__(self):\n",
    "        return \"AMD CPU\"\n",
    " \n",
    "# Factory classes\n",
    " \n",
    "class IntelFactory:\n",
    "    def get_cpu(self):\n",
    "        return Intel()\n",
    " \n",
    " \n",
    "class AMDFactory:\n",
    "    def get_cpu(self):\n",
    "        return AMD() \n",
    "\n",
    "def get_factory1():\n",
    "    return IntelFactory\n",
    "\n",
    "def get_factory2():\n",
    "    return AMDFactory\n",
    "\n",
    "if __name__ == \"__main__\":\n",
    "    shop = CPU()\n",
    "    #shop.cpu_factory = get_factory1()\n",
    "    shop.cpu_factory = get_factory2()\n",
    "    shop.show_cpu()\n",
    "  "
   ]
  },
  {
```

```
   "cell_type": "code",
   "execution_count": null,
   "metadata": {},
   "outputs": [],
   "source": []
   },
   {
   "cell_type": "code",
   "execution_count": null,
   "metadata": {},
   "outputs": [],
   "source": []
   }
 ],
 "metadata": {
   "kernelspec": {
   "display_name": "Python 3",
   "language": "python",
   "name": "python3"
   },
   "language_info": {
   "codemirror_mode": {
     "name": "ipython",
     "version": 3
   },
   "file_extension": ".py",
   "mimetype": "text/x-python",
   "name": "python",
   "nbconvert_exporter": "python",
   "pygments_lexer": "ipython3",
   "version": "3.7.0"
   },
   "toc": {
   "base_numbering": 1,
   "nav_menu": {},
   "number_sections": true,
   "sideBar": true,
   "skip_h1_title": false,
   "title_cell": "Table of Contents",
```

```
    "title_sidebar": "Contents",
    "toc_cell": false,
    "toc_position": {},
    "toc_section_display": true,
    "toc_window_display": false
   }
  },
  "nbformat": 4,
  "nbformat_minor": 2
  }
```

1.4 原型模式

```
  {
  "cells": [
   {
    "cell_type": "code",
    "execution_count": 11,
    "metadata": {},
    "outputs": [
     {
      "name": "stdout",
      "output_type": "stream",
      "text": [
       "缓存器\n",
       "图形 三角形 矩形 三角形\n",
       "缓存器\n",
       "图形 三角形 矩形 三角形\n",
       "缓存器\n",
       "图形 三角形 矩形 三角形\n"
      ]
     }
    ],
    "source": [
     "from copy import copy, deepcopy\n",
     "class Prototype:\n",
     "    def clone(self):\n",
     "        pass   \n",
     "    def deepclone(self):\n",
     "        pass\n",
```

```
"class Shape(Prototype):\n",
"    def __init__(self):\n",
"        self.Circle = ''\n",
"        self.Rectangle = ''\n",
"        self.Triangle = ''\n",
"\n",
"#    def Circle (self):\n",
"#        return \"圆形类的 draw 方法\"\n",
"#    def Rectangle (self):less \n",
"#        return \"矩形类的 draw 方法\"\n",
"#    def Triangle (self):\n",
"#        return \"三角形类的 draw 方法\"\n",
"    def set_shape(self,Circle,Rectangle,Triangle):\n",
"        self.Circle = Circle\n",
"        self.Rectangle = Rectangle\n",
"        self.Triangle = Triangle\n",
"\n",
"class ShapeCache(Prototype):\n",
"    def __init__(self, name):\n",
"        self.name = name\n",
"        self.shape =Shape()\n",
"\n",
"    def set_shape(self, Circle,Rectangle,Triangle):\n",
"        self.shape.set_shape(Circle,Rectangle,Triangle)\n",
"\n",
"    def display(self):\n",
"        print(self.name)\n",
"         print(\"图形\", self.shape.Circle, self.shape.Rectangle,
self.shape.Triangle)\n",
"\n",
"    def clone(self):\n",
"        return copy(self)\n",
"\n",
"    def deepclone(self):\n",
"        return deepcopy(self)\n",
"\n",
"if __name__ == \"__main__\":\n",
"    a = ShapeCache(\"缓存器\")\n",
"    a.set_shape(\"三角形\", \"矩形\",\"三角形\") \n",
```

```
      "    b = a.clone()\n",
      "    c = a.deepclone()\n",
      "    a.display()\n",
      "    b.display()\n",
      "    c.display()\n"
    ]
   },
   {
   "cell_type": "code",
   "execution_count": null,
   "metadata": {},
   "outputs": [],
   "source": []
   }
  ],
  "metadata": {
   "kernelspec": {
   "display_name": "Python 3",
   "language": "python",
   "name": "python3"
   },
   "language_info": {
   "codemirror_mode": {
     "name": "ipython",
     "version": 3
   },
   "file_extension": ".py",
   "mimetype": "text/x-python",
   "name": "python",
   "nbconvert_exporter": "python",
   "pygments_lexer": "ipython3",
   "version": "3.7.0"
   },
   "toc": {
   "base_numbering": 1,
   "nav_menu": {},
   "number_sections": true,
   "sideBar": true,
   "skip_h1_title": false,
```

```
  "title_cell": "Table of Contents",
  "title_sidebar": "Contents",
  "toc_cell": false,
  "toc_position": {},
  "toc_section_display": true,
  "toc_window_display": false
  }
},
"nbformat": 4,
"nbformat_minor": 2
}
```

2. 结构型模式

2.1 外观模式

```
{
"cells": [
  {
  "cell_type": "code",
  "execution_count": 1,
  "metadata": {},
  "outputs": [
    {
    "name": "stdout",
    "output_type": "stream",
    "text": [
      "手机品牌是... \n",
      "手机型号是... \n",
      "您的手机已下单... \n"
    ]
    }
  ],
  "source": [
    "#! /usr/bin/python \n",
    "#coding:utf8 \n",
    """ \n",
    "Decorator  外观模式 \n",
    """ \n",
```

```
    "import time \n",
    " \n",
    "SLEEP = 0.5 \n",
    " \n",
    "# Complex Parts \n",
    "class brand: \n",
    "    def run(self): \n",
    "        print(\"手机品牌是...\") \n",
    "    \n",
    " \n",
    "class model: \n",
    "    def run(self): \n",
    "        print(\"手机型号是...\") \n",
    "        \n",
    " \n",
    " \n",
    "class order: \n",
    "    def run(self): \n",
    "        print(\"您的手机已下单...\") \n",
    "      \n",
    "      \n",
    " \n",
    "# Facade \n",
    "class TestRunner: \n",
    "    def __init__(self): \n",
    "        self.tc1 = brand() \n",
    "        self.tc2 = model() \n",
    "        self.tc3 = order() \n",
    "        self.tests = [i for i in (self.tc1, self.tc2, self.tc3)] \n",
    " \n",
    "    def runAll(self): \n",
    "        [i.run() for i in self.tests] \n",
    " \n",
    " \n",
    "# Client \n",
    "if __name__ = = '__main__': \n",
    "    testrunner = TestRunner() \n",
    "    testrunner.runAll()"
  ]
```

```
  },
  {
  "cell_type": "code",
  "execution_count": null,
  "metadata": {},
  "outputs": [],
  "source": []
  }
 ],
 "metadata": {
  "kernelspec": {
  "display_name": "Python 3",
  "language": "python",
  "name": "python3"
  },
  "language_info": {
  "codemirror_mode": {
    "name": "ipython",
    "version": 3
  },
  "file_extension": ".py",
  "mimetype": "text/x-python",
  "name": "python",
  "nbconvert_exporter": "python",
  "pygments_lexer": "ipython3",
  "version": "3.7.0"
  },
  "toc": {
  "base_numbering": 1,
  "nav_menu": {},
  "number_sections": true,
  "sideBar": true,
  "skip_h1_title": false,
  "title_cell": "Table of Contents",
  "title_sidebar": "Contents",
  "toc_cell": false,
  "toc_position": {},
  "toc_section_display": true,
  "toc_window_display": false
```

```
    }
  },
  "nbformat": 4,
  "nbformat_minor": 2
  }
```


2.2 适配器模式


```
  {
  "cells": [
    {
    "cell_type": "code",
    "execution_count": 5,
    "metadata": {},
    "outputs": [
      {
      "name": "stdout",
      "output_type": "stream",
      "text": [
        "用户 访问 Gantt 方法 甘特图模块已经添加\n",
        "用户 访问 DataFlow 方法 数据流图模块已经添加\n",
        "用户 访问 Network 方法 UML 模块已经添加\n"
      ]
      }
    ],
    "source": [
      "#! /usr/bin/python\n",
      "#coding:utf8\n",
      """\n",
      "Adapter  适配器模式\n",
      """\n",
      " \n",
      "import os\n",
      " \n",
      " \n",
      "class Gantt(object):\n",
      "    def __init__(self):\n",
      "        self.name = \"Gantt\"\n",
      " \n",
      "    def bark(self):\n",
```

```
"        return \"甘特图模块已经添加\"\n",
" \n",
" \n",
"class DataFlow(object):\n",
"    def __init__(self):\n",
"        self.name = \"DataFlow\"\n",
" \n",
"    def meow(self):\n",
"        return \"数据流图模块已经添加\"\n",
" \n",
" \n",
"class Network(object):\n",
"    def __init__(self):\n",
"        self.name = \"Network\"\n",
" \n",
"    def speak(self):\n",
"        return \"UML模块已经添加\"\n",
"\n",
" \n",
" \n",
"class Adapter(object):\n",
"   \n",
"    def __init__(self, obj, adapted_methods):\n",
"        self.obj = obj\n",
"        self.__dict__.update(adapted_methods)\n",
" \n",
"    def __getattr__(self, attr):\n",
"        return getattr(self.obj, attr)\n",
" \n",
" \n",
"def main():\n",
"    objects = []\n",
"    gantt = Gantt()\n",
"    objects.append(Adapter(gantt, dict(make_noise=gantt.bark)))\
n",
"    dataFlow = DataFlow()\n",
"    objects.append(Adapter(dataFlow, dict(make_noise=dataFlow.me-
ow)))\n",
"    network = Network()\n",
```

```
        "    objects.append(Adapter(network, dict(make_noise = network.
speak)))\n",
        "    for obj in objects:\n",
        "        print(\"用户\",\"访问\", obj.name, \"方法\" ,obj.make_noise
())\n",
        " \n",
        " \n",
        "if __name__ == \"__main__\":\n",
        "    main()"
      ]
      },
      {
      "cell_type": "code",
      "execution_count": null,
      "metadata": {},
      "outputs": [],
      "source": []
      }
    ],
    "metadata": {
      "kernelspec": {
      "display_name": "Python 3",
      "language": "python",
      "name": "python3"
      },
      "language_info": {
      "codemirror_mode": {
        "name": "ipython",
        "version": 3
      },
      "file_extension": ".py",
      "mimetype": "text/x-python",
      "name": "python",
      "nbconvert_exporter": "python",
      "pygments_lexer": "ipython3",
      "version": "3.7.0"
      },
      "toc": {
      "base_numbering": 1,
```

```
    "nav_menu": {},
    "number_sections": true,
    "sideBar": true,
    "skip_h1_title": false,
    "title_cell": "Table of Contents",
    "title_sidebar": "Contents",
    "toc_cell": false,
    "toc_position": {},
    "toc_section_display": true,
    "toc_window_display": false
    }
  },
  "nbformat": 4,
  "nbformat_minor": 2
  }
```

2.3 桥接模式

```
  {
  "cells": [
    {
    "cell_type": "code",
    "execution_count": 19,
    "metadata": {},
    "outputs": [
      {
      "name": "stdout",
      "output_type": "stream",
      "text": [
        "Quanta 生产的 Lenovo 电脑\n",
        "Quanta 生产的 Dell 电脑\n",
        "Compal 生产的 Lenovo 电脑\n",
        "Compal 生产的 Dell 电脑\n"
      ]
      }
    ],
    "source": [
      " #抽象工厂类\n",
      "class Factory (object):\n",
      " \n",
```

```
"    def run1(self):\n",
"        pass\n",
"    def run2(self):\n",
"        pass\n",
"\n",
"\n",
"class Quanta (Factory ):\n",
"    def run1(self):\n",
"        print (\"Quanta 生产的 Lenovo 电脑\") \n",
"    def run2(self):\n",
"        print (\"Quanta 生产的 Dell 电脑\")\n",
"\n",
"#  手机通讯录\n",
"class  Compal(Factory ):\n",
"    def run1(self):\n",
"        print (\"Compal 生产的 Lenovo 电脑\")\n",
"    def run2(self):\n",
"        print (\"Compal 生产的 Dell 电脑\")\n",
"\n",
" \n",
"#  抽象电脑品牌类\n",
"class ComputerBrand(object):\n",
"    def __init__(self):\n",
"        self.factory = \"\"\n",
"    def set_factory(self,factory ):\n",
"        self.factory   = factory \n",
"    def run(self):\n",
"        pass\n",
" \n",
"#联想品牌\n",
"class Lenovo(ComputerBrand):\n",
" \n",
"    def run(self):\n",
"        self.factory.run1()\n",
"        self.factory.run2()\n",
" \n",
"#戴尔品牌\n",
"class Dell(ComputerBrand):\n",
"    def run(self):\n",
```

```
    "        self.factory().run1()\n",
    "        self.factory().run2()\n",
    "        \n",
    "if __name__ = = \"__main__\":\n",
    "    quanta = Quanta()\n",
    "    compal = Compal()\n",
    "\n",
    "    lenovo = Lenovo()\n",
    "    lenovo.set_factory(quanta)\n",
    "    lenovo.run()\n",
    "    \n",
    "\n",
    "    dell = Dell()\n",
    "    dell.set_factory(Compal)\n",
    "    dell.run()"
   ]
  },
  {
  "cell_type": "code",
  "execution_count": null,
  "metadata": {},
  "outputs": [],
  "source": []
  }
 ],
 "metadata": {
  "kernelspec": {
  "display_name": "Python 3",
  "language": "python",
  "name": "python3"
  },
  "language_info": {
  "codemirror_mode": {
    "name": "ipython",
    "version": 3
  },
  "file_extension": ".py",
  "mimetype": "text/x - python",
  "name": "python",
```

```
  "nbconvert_exporter": "python",
  "pygments_lexer": "ipython3",
  "version": "3.7.0"
  },
  "toc": {
  "base_numbering": 1,
  "nav_menu": {},
  "number_sections": true,
  "sideBar": true,
  "skip_h1_title": false,
  "title_cell": "Table of Contents",
  "title_sidebar": "Contents",
  "toc_cell": false,
  "toc_position": {},
  "toc_section_display": true,
  "toc_window_display": false
  }
 },
 "nbformat": 4,
 "nbformat_minor": 2
 }
```


2.4 装饰模式


```
 {
 "cells": [
  {
  "cell_type": "code",
  "execution_count": 12,
  "metadata": {},
  "outputs": [
   {
   "name": "stdout",
   "output_type": "stream",
   "text": [
    "添加以下功能:\n",
    "添加黄色功能\n",
    "添加黑色功能\n",
    "添加红色功能\n",
    "组装成 Gantt\n"
```

```
     ]
    }
   ],
   "source": [
    "class Gantt:\n",
    "    def __init__(self, name):\n",
    "        self.name = name\n",
    "    def show(self):\n",
    "        print(\"组装成\", self.name)\n",
    "\n",
    "class Software(Gantt):\n",
    "    def __init__(self): #此处必须有,覆盖父类的__init__()\n",
    "        pass\n",
    "\n",
    "    def Decorate(self, comp):\n",
    "        self.comp = comp\n",
    "\n",
    "    def show(self): \n",
    "        if self.comp != None:\n",
    "            self.comp.show()\n",
    "\n",
    "class Red(Software):\n",
    "    def show(self):\n",
    "        print(\"添加红色功能\")\n",
    "        self.comp.show()\n",
    "class Black(Software):\n",
    "    def show(self):\n",
    "        print(\"添加黑色功能\")\n",
    "        self.comp.show()\n",
    "\n",
    "class Yellow(Software):\n",
    "    def show(self):\n",
    "        print(\"添加黄色功能\")\n",
    "        self.comp.show()        \n",
    "\n",
    "if __name__ == \"__main__\":\n",
    "    gantt = Gantt(\"Gantt\")\n",
    "    print(\"添加以下功能:\")\n",
    "    red = Red()\n",
```

```
    "    black = Black()\n",
    "    yellow = Yellow()\n",
    "    red.Decorate(gantt)\n",
    "    black.Decorate(red)\n",
    "    yellow.Decorate(black)\n",
    "    yellow.show()\n"
   ]
   },
   {
   "cell_type": "code",
   "execution_count": null,
   "metadata": {},
   "outputs": [],
   "source": []
   }
  ],
  "metadata": {
   "kernelspec": {
   "display_name": "Python 3",
   "language": "python",
   "name": "python3"
   },
   "language_info": {
   "codemirror_mode": {
     "name": "ipython",
     "version": 3
   },
   "file_extension": ".py",
   "mimetype": "text/x-python",
   "name": "python",
   "nbconvert_exporter": "python",
   "pygments_lexer": "ipython3",
   "version": "3.7.0"
   },
   "toc": {
   "base_numbering": 1,
   "nav_menu": {},
   "number_sections": true,
   "sideBar": true,
```

```
    "skip_h1_title": false,
    "title_cell": "Table of Contents",
    "title_sidebar": "Contents",
    "toc_cell": false,
    "toc_position": {},
    "toc_section_display": true,
    "toc_window_display": false
    }
  },
  "nbformat": 4,
  "nbformat_minor": 2
  }
```


3. 行为模式

3.1 策略模式


```
  {
  "cells": [
    {
    "cell_type": "code",
    "execution_count": 2,
    "metadata": {},
    "outputs": [
      {
      "ename": "NameError",
      "evalue": "name 'CashRebate' is not defined",
      "output_type": "error",
      "traceback": [
        "\u001b[1;31m---------------------------------------------
-- \u001b[0m",
      "\u001b[1;31mNameError \u001b[0m                                    Trace-
back (most recent call last)",
        "\u001b[1;32m<ipython-input-2-ccbc36330974>\u001b[0m in \u001b
[0;36m<module>\u001b[1;34m()\u001b[0m\n\u001b[0;32m        19\u001b[0m
 \u001b[0mstrat0\u001b[0m \u001b[1;33m=\u001b[0m \u001b[0mCashSuper\u001b
[0m\u001b[1;33m(\u001b[0m\u001b[1;33m)\u001b[0m\u001b[1;33m\u001b[0m\u001b[0m\n
\u001b[0;32m          20\u001b[0m \u001b[1;33m\u001b[0m\u001b[0m\n\u001b[1;32m-
-->       21\u001b[1;33m\u001b[0mstrat1\u001b[0m                  \u001b[1;33m
```

```
= \u001b [0m  \u001b [0mCashSuper \u001b [0m \u001b [1; 33m ( \u001b [0m \u001b
[0mCashRebate \u001b [0m \u001b [1;33m) \u001b [0m \u001b [1;33m \u001b [0m \u001b
[0m \n \u001b [0m \u001b [0; 32m                                    22 \u001b [0m \u001b
[0mstrat1 \u001b [0m \u001b [1;33m. \u001b [0m \u001b [0mname \u001b [0m  \u001b [1;
33m = \u001b [0m                                                  \u001b [1;34m'
CashRebate' \u001b [0m \u001b [1;33m \u001b [0m \u001b [0m \n \u001b [0;32m       23 \
u001b [0m  \u001b [1;33m \u001b [0m \u001b [0m \n",
       "\u001b [1;31mNameError \u001b [0m: name 'CashRebate' is not defined"
      ]
     }
    ],
    "source": [
     "import types \n",
     " \n",
     "class CashSuper: \n",
     "    def __init__(self, func = None): \n",
     "        self.name = 'CashNormal' \n",
     "        if func is not None: \n",
     "            self.execute = types.MethodType(func, self)     \n",
     "\n",
     "    def execute(self): \n",
     "        print(self.name) \n",
     "\n",
     "    def CashRebate(self): \n",
     "        print(self.name + '折扣') \n",
     "\n",
     "    def cashReturn(self): \n",
     "        print(self.name + '返利') \n",
     "\n",
     "if __name__ = = '__main__': \n",
     "    strat0 = CashSuper()     \n",
     " \n",
     "    strat1 = CashSuper(CashRebate) \n",
     "    strat1.name = 'CashRebate'     \n",
     " \n",
     "    strat2 = CashSuper(cashReturn) \n",
     "    strat2.name = 'cashReturn' \n",
     " \n",
     "    strat0.execute() \n",
```

```
  "    strat1.execute()     \n",
  "    strat2.execute()"
 ]
},
{
 "cell_type": "code",
 "execution_count": 7,
 "metadata": {},
 "outputs": [
  {
  "name": "stdout",
  "output_type": "stream",
  "text": [
    "Strategy1 正常收费\n",
    "Strategy2 折扣收费\n",
    "Strategy3 返利收费\n"
  ]
  }
 ],
 "source": [
  "import types\n",
  " \n",
  "class CashSuper:\n",
  "    def __init__(self, func=None):\n",
  "        self.name = 'CashNormal'          \n",
  "        if func is not None:\n",
  "    self.execute = types.MethodType(func, self)     \n",
  " \n",
  "    def execute(self):           \n",
  "        print(\"Strategy1 正常收费\")    \n",
  "def CashRebate(self):\n",
  "    print(self.name + '折扣收费')    \n",
  "def cashReturn(self):\n",
  "    print(self.name + '返利收费')    \n",
  "if __name__ == '__main__':\n",
  "    strat0 = CashSuper()      \n",
  " \n",
  "    strat1 = CashSuper(CashRebate)\n",
  "    strat1.name = 'Strategy2 '     \n",
```

```
    " \n",
    "    strat2 = CashSuper(cashReturn) \n",
    "    strat2.name = 'Strategy3'     \n",
    " \n",
    "    strat0.execute() \n",
    "    strat1.execute() \n",
    "    strat2.execute()"
   ]
  },
  {
   "cell_type": "code",
   "execution_count": null,
   "metadata": {},
   "outputs": [],
   "source": []
  }
 ],
 "metadata": {
  "kernelspec": {
   "display_name": "Python 3",
   "language": "python",
   "name": "python3"
  },
  "language_info": {
   "codemirror_mode": {
    "name": "ipython",
    "version": 3
   },
   "file_extension": ".py",
   "mimetype": "text/x-python",
   "name": "python",
   "nbconvert_exporter": "python",
   "pygments_lexer": "ipython3",
   "version": "3.7.0"
  },
  "toc": {
   "base_numbering": 1,
   "nav_menu": {},
   "number_sections": true,
```

```
    "sideBar": true,
    "skip_h1_title": false,
    "title_cell": "Table of Contents",
    "title_sidebar": "Contents",
    "toc_cell": false,
    "toc_position": {},
    "toc_section_display": true,
    "toc_window_display": false
    }
  },
  "nbformat": 4,
  "nbformat_minor": 2
  }
```

3.2 模板方法模式

```
  {
  "cells": [
    {
    "cell_type": "code",
    "execution_count": 32,
    "metadata": {},
    "outputs": [
      {
      "name": "stdout",
      "output_type": "stream",
      "text": [
        "准备炒可乐鸡翅\n",
        "将肉冷水下锅煮开,去除血沫捞出备用\n",
        "小火炖,大火收汁,出锅\n",
        "需要准备的有可乐,料酒,老抽,生抽,八角,桂皮\n",
        "下锅的酱料是可乐,料酒,老抽,生抽,八角,桂皮\n"
      ]
      }
    ],
    "source": [
      "#! /usr/bin/python\n",
      "#coding:utf8\n",
      """\n",
      "Template Method  模板方法模式\n",
```

```
"""\n",
" \n",
"class kitchen:\n",
"    def __init__(self, Food_factory=None):\n",
"        self.a=commom()\n",
"        print(self.a.Boil())\n",
"        print(self.a.fry())\n",
"        self.food_factory = Food_factory\n",
"    \n",
"        \n",
"    def show_food(self):\n",
"        food = self.food_factory().get_food()\n",
"        print(food.prepare())\n",
"        print(food.pourSauce())\n",
"        \n",
"\n",
"\n",
"class commom:\n",
"    def Boil(self):\n",
"        return \"将肉冷水下锅煮开,去除血沫捞出备用\"\n",
"    def fry(self):\n",
"        return \"小火炖,大火收汁,出锅\"\n",
"    \n",
"    \n",
"class Concretebeer_Duck:\n",
"    def prepare(self):\n",
"       return \"需要准备的有蒜切小段,山药切块备用,同时需要准备啤酒一罐\"\n",
"    def pourSauce(self):\n",
"        return \"下锅的酱料是豆瓣酱,酱油,老抽,啤酒调味\"\n",
"    \n",
"class ConcreteCoke_Chicken:\n",
"    def prepare(self):\n",
"        return \"需要准备的有可乐,料酒,老抽,生抽,八角,桂皮\"\n",
"    def pourSauce(self):\n",
"        return \"下锅的酱料是可乐,料酒,老抽,生抽,八角,桂皮\"\n",
"    \n",
"class Concretebeer_Duck_food:\n",
"    def get_food(self):\n",
"        return Concretebeer_Duck()\n",
```

```
    "        \n",
    " \n",
    "class ConcreteCoke_Chicken_food: \n",
    "    \n",
    "    def get_food(self): \n",
    "        return ConcreteCoke_Chicken()  \n",
    "def get_factory1(): \n",
    "    return Concretebeer_Duck_food\n",
    "\n",
    "def get_factory2(): \n",
    "    return ConcreteCoke_Chicken_food\n",
    "if __name__ == \"__main__\": \n",
    "#    print(\"准备炒啤酒鸭\") \n",
    "    print(\"准备炒可乐鸡翅\") \n",
    "    shop = kitchen() \n",
    "#    shop.food_factory = get_factory1() \n",
    "    shop.food_factory = get_factory2() \n",
    "    shop.show_food() \n"
   ]
  },
  {
   "cell_type": "code",
   "execution_count": null,
   "metadata": {},
   "outputs": [],
   "source": []
  },
  {
   "cell_type": "code",
   "execution_count": null,
   "metadata": {},
   "outputs": [],
   "source": []
  }
 ],
 "metadata": {
  "kernelspec": {
   "display_name": "Python 3",
   "language": "python",
```

```
  "name": "python3"
  },
  "language_info": {
  "codemirror_mode": {
    "name": "ipython",
    "version": 3
  },
  "file_extension": ".py",
  "mimetype": "text/x-python",
  "name": "python",
  "nbconvert_exporter": "python",
  "pygments_lexer": "ipython3",
  "version": "3.7.0"
  },
  "toc": {
  "base_numbering": 1,
  "nav_menu": {},
  "number_sections": true,
  "sideBar": true,
  "skip_h1_title": false,
  "title_cell": "Table of Contents",
  "title_sidebar": "Contents",
  "toc_cell": false,
  "toc_position": {},
  "toc_section_display": true,
  "toc_window_display": false
  }
 },
 "nbformat": 4,
 "nbformat_minor":2
 }
```


3.3 观察者模式


```
 {
 "cells": [
  {
  "cell_type": "code",
  "execution_count": 32,
  "metadata": {},
```

```
"outputs": [
  {
  "name": "stdout",
  "output_type": "stream",
  "text": [
    "Supermarket1:张伟 成为会员 \n",
    "Supermarket2: 张伟 成为会员 \n",
    "Supermarket3:张伟 成为会员 \n"
  ]
  }
],
"source": [
  "#! /usr/bin/python \n",
  "#coding:utf8 \n",
  """ \n",
  "Observer          观察者模式 \n",
  """ \n",
  " \n",
  "class Subject(object): \n",
  "    def __init__(self): \n",
  "        self._observers = [] \n",
  " \n",
  "    def attach(self, observer): \n",
  "        if not observer in self._observers: \n",
  "            self._observers.append(observer) \n",
  " \n",
  "    def detach(self, observer): \n",
  "        try: \n",
  "            self._observers.remove(observer) \n",
  "        except ValueError: \n",
  "            print(\"错误信息! \") \n",
  " \n",
  "    def notify(self, modifier=None): \n",
  "        for observer in self._observers: \n",
  "            if modifier ! = observer: \n",
  "                observer.update(self) \n",
  " \n",
  "# Example usage \n",
  "class Data(Subject): \n",
```

```
"    def __init__(self, name = ''): \n",
"        Subject.__init__(self) \n",
"        self.name = name \n",
"        self._data = \"null \" \n",
" \n",
"    @ property \n",
"    def data (self): \n",
"        return self._data \n",
"    @ data.setter \n",
"    def data (self, value): \n",
"        self._data = value \n",
"        self.notify() \n",
"class Supermarket1: \n",
"    def update (self, subject): \n",
"        print ('Supermarket1: % s 成为会员' % (subject.data)) \n",
"class Supermarket2: \n",
"    defupdate (self, subject): \n",
"        print ('Supermarket2: % s 成为会员' % (subject.data)) \n",
"class Supermarket3: \n",
"    def update (self, subject): \n",
"        print ('Supermarket3: % s 成为会员' % (subject.data)) \n",
"               \n",
" \n",
"# Example usage... \n",
"def main (): \n",
"    data1 = Data ('Data') \n",
"    view1 = Supermarket1 () \n",
"    view2 = Supermarket2 () \n",
"    view3 = Supermarket3 () \n",
"    \n",
"    data1.attach (view1) \n",
"    data1.attach (view2) \n",
"    data1.attach (view3) \n",
"    data1.data = \"张伟 \" \n",
"  \n",
" \n",
" \n",
" \n",
"if __name__ = = '__main__': \n",
```

```
   "    main()"
  ]
  },
  {
  "cell_type": "code",
  "execution_count": null,
  "metadata": {},
  "outputs": [],
  "source": []
  }
 ],
 "metadata": {
  "kernelspec": {
  "display_name": "Python 3",
  "language": "python",
  "name": "python3"
  },
  "language_info": {
  "codemirror_mode": {
    "name": "ipython",
 "version": 3
  },
  "file_extension": ".py",
  "mimetype": "text/x-python",
  "name": "python",
  "nbconvert_exporter": "python",
  "pygments_lexer": "ipython3",
  "version": "3.7.0"
  },
  "toc": {
  "base_numbering": 1,
  "nav_menu": {},
  "number_sections": true,
  "sideBar": true,
  "skip_h1_title": false,
  "title_cell": "Table of Contents",
  "title_sidebar": "Contents",
  "toc_cell": false,
  "toc_position": {},
```

```
   "toc_section_display": true,
   "toc_window_display": false
  }
 },
 "nbformat": 4,
 "nbformat_minor": 2
}
```


3.4 解释器模式


```
{
 "cells": [
  {
   "cell_type": "code",
   "execution_count": 21,
   "metadata": {},
   "outputs": [
    {
     "name": "stdout",
     "output_type": "stream",
     "text": [
      "28 \n"
     ]
    }
   ],
   "source": [
    "\n",
    "class Context: \n",
    "    def __init__(self): \n",
    "        self.input = \"\" \n",
    "        self.output = \"\" \n",
    "class AbstractExpression: \n",
    "    def Interpret(self,context): \n",
    "        pass \n",
    "    \n",
    "class Expression1(AbstractExpression): \n",
    "    def Interpret(self,a,b): \n",
    "        return a + b \n",
    "class Expression2(AbstractExpression): \n",
    "    def Interpret(self,a,b): \n",
```

```
"        return a - b \n",
"class Expression3 (AbstractExpression) : \n",
"    def Interpret (self,a,b) : \n",
"        return a* b \n",
"class Expression4 (AbstractExpression) : \n",
"    def Interpret (self,a,b) : \n",
"        return a/b \n",
"        \n",
"class terminalExpression (AbstractExpression) : \n",
"    def Interpret (self,context) : \n",
"        return context \n",
"        \n",
"if __name__ = = \"__main__\": \n",
"    #context = (8 +6) * 2 \n",
"    c = terminalExpression () .Interpret (8) \n",
"    d = terminalExpression () .Interpret (6) \n",
"    e = terminalExpression () .Interpret (2) \n",
"    f = Expression1 () .Interpret (c,d) \n",
"    g = Expression3 () .Interpret (f,2) \n",
"    print (g) \n",
"    \n",
"#    context = \"8 +6 - 2 \" \n",
"#    c = [] \n",
"#    c = c + [Expression1 () ] \n",
"#    c = c + [Expression2 () ] \n",
"#    c = c + [terminalExpression () ] \n",
"#    for d in c: \n",
"#        d.Interpret (context) \n",
"    "
]
},
{
"cell_type": "code",
"execution_count": null,
"metadata": {},
"outputs": [],
"source": []
},
{
```

```
    "cell_type": "code",
    "execution_count": null,
    "metadata": {},
    "outputs": [],
    "source": []
    }
  ],
  "metadata": {
    "kernelspec": {
    "display_name": "Python 3",
    "language": "python",
    "name": "python3"
    },
    "language_info": {
    "codemirror_mode": {
      "name": "ipython",
      "version": 3
    },
    "file_extension": ".py",
    "mimetype": "text/x - python",
    "name": "python",
    "nbconvert_exporter": "python",
    "pygments_lexer": "ipython3",
    "version": "3.7.0"
    },
    "toc": {
    "base_numbering": 1,
    "nav_menu": {},
    "number_sections": true,
    "sideBar": true,
    "skip_h1_title": false,
    "title_cell": "Table of Contents",
    "title_sidebar": "Contents",
    "toc_cell": false,
    "toc_position": {},
    "toc_section_display": true,
    "toc_window_display": false
    }
  },
```

```
"nbformat": 4,
"nbformat_minor": 2}
```


3.5 备忘录模式


```
{

"cells": [
  {
  "cell_type": "code",
  "execution_count": 1,
  "metadata": {},
  "outputs": [
    {
    "name": "stdout",
    "output_type": "stream",
    "text": [
      "<NumObj: -1>\n",
      "<NumObj: 0>\n",
      "<NumObj: 1>\n",
      "<NumObj: 2>\n",
      "-- commited\n",
      "<NumObj: 3>\n",
      "<NumObj: 4>\n",
      "<NumObj: 5>\n",
      "-- rolled back\n",
      "<NumObj: 2>\n",
      "-- now doing stuff ...\n",
      "-> doing stuff failed! \n",
      "<NumObj: 2>\n"
    ]
    },
    {
    "name": "stderr",
    "output_type": "stream",
    "text": [
      "Traceback (most recent call last):\n",
      "TypeError: can only concatenate str (not \"int\") to str\n"
    ]
    }
  ],
```

```
    "source": [
     "#! /usr/bin/python \n",
     "#coding:utf8 \n",
     """ \n",
     "Memento                        备忘录模式 \n",
     """ \n",
     " \n",
     "import copy \n",
     " \n",
     "def Memento(obj, deep = False): \n",
     "    state = (copy.copy, copy.deepcopy)[bool(deep)](obj.__dict__)\n",
     " \n",
     "    def Restore(): \n",
     "        obj.__dict__.clear()\n",
     "        obj.__dict__.update(state) \n",
     "    return Restore \n",
     " \n",
     "class Transaction: \n",
     "    \"\"\"A transaction guard. This is really just \n",
     "      syntactic suggar arount a memento closure. \n",
     "      \"\"\"\n",
     "    deep = False \n",
     " \n",
     "    def __init__(self, * targets): \n",
     "        self.targets = targets \n",
     "        self.Commit() \n",
     " \n",
     "    def Commit(self): \n",
     "         self.states = [Memento(target, self.deep) for target in
self.targets] \n",
     " \n",
     "    def Rollback(self): \n",
     "        for st in self.states: \n",
     "            st() \n",
     "class transactional(object): \n",
     "    \"\"\"Adds transactional semantics to methods. Methods decorated
  with \n",
     "    @ transactional will rollback to entry state upon exceptions. \
n",
```

```
"    \"\"\"\n",
"    def __init__(self, method):\n",
"        self.method = method\n",
" \n",
"    def __get__(self, obj, T):\n",
"        def transaction(* args, * * kwargs):\n",
"            state = Memento(obj)\n",
"            try:\n",
"                return self.method(obj, * args, * * kwargs)\n",
"            except:\n",
"                state()\n",
"                raise\n",
"        return transaction\n",
"class NumObj(object):\n",
"    def __init__(self, value):\n",
"        self.value = value\n",
" \n",
"    def __repr__(self):\n",
"        return '<% s: % r>' % (self.__class__.__name__, self.value)\n",
" \n",
"    def Increment(self):\n",
"        self.value + = 1\n",
" \n",
"    @ transactional\n",
"    def DoStuff(self):\n",
"        self.value = '1111'   # < - invalid value\n",
"        self.Increment()     # < - will fail and rollback\n",
"if __name__ = = '__main__':\n",
"    n = NumObj( -1)\n",
"    print(n)\n",
"    t = Transaction(n)\n",
"    try:\n",
"        for i in range(3):\n",
"            n.Increment()\n",
"            print(n)\n",
"        t.Commit()\n",
"        print(' - - commited')\n",
"        for i in range(3):\n",
"            n.Increment()\n",
```

```
    "            print(n) \n",
    "        n.value + = 'x'  # will fail \n",
    "        print(n) \n",
    "    except: \n",
    "        t.Rollback() \n",
    "        print(' -- rolled back') \n",
    "    print(n) \n",
    "    print(' -- now doing stuff ...') \n",
    "    try: \n",
    "        n.DoStuff() \n",
    "    except: \n",
    "        print(' - > doing stuff failed! ') \n",
    "        import traceback \n",
    "        traceback.print_exc(0) \n",
    "        pass \n",
    "    print(n)"
  ]
  },
  {
  "cell_type": "code",
  "execution_count": 12,
  "metadata": {},
  "outputs": [
    {
    "name": "stdout",
    "output_type": "stream",
    "text": [
      "当前 blood 为 100 \n",
      "当前 energy 为 0 \n",
      "当前 blood 为 50 \n",
      "当前 energy 为 100 \n",
      "当前 blood 为 100 \n",
      "当前 energy 为 0 \n"
    ]
    }
  ],
  "source": [
    "\n",
    "\"\"\"\n",
```

```
"大话设计模式\n",
"设计模式——备忘录模式\n",
"备忘录模式(Memento Pattern):不破坏封装性的前提下捕获一个对象的内部状态,并在该对象之外保存这个状态,这样以后就可将该对象恢复到原先保存的状态\n",
"\"\"\"\n",
"\n",
"#游戏角色类\n",
"class Originator(object):\n",
"\n",
"    def __init__(self, blood,energy):\n",
"        self.blood = blood\n",
"        self.energy = energy\n",
"\n",
"    def create_memento(self):\n",
"        return Memento(self.blood,self.energy)\n",
"\n",
"    def set_memento(self, memento):\n",
"        self.blood = memento.blood\n",
"        self.energy = memento.energy\n",
"\n",
"    def show(self):\n",
"        print (\"当前 blood 为\" , self.blood)\n",
"        print (\"当前 energy 为\"  ,self.energy)\n",
"\n",
"#备忘录类\n",
"class Memento(object):\n",
"\n",
"    def __init__(self, blood,energy):\n",
"        self.blood = blood\n",
"        self.energy = energy\n",
"\n",
"# 管理者类\n",
"class Caretaker(object):\n",
"\n",
"    def __init__(self,memento):\n",
"        self.memento = memento\n",
"\n",
"if __name__ == \"__main__\":\n",
"    #初始状态\n",
```

```
    "    originator = Originator(blood = '100',energy = '0') \n",
    "    originator.show() \n",
    "    \n",
    "    #备忘录 \n",
    "    caretaker = Caretaker(originator.create_memento()) \n",
    "    \n",
    "    #修改状态 \n",
    "    originator.blood = '50' \n",
    "    originator.energy = '100' \n",
    "    originator.show() \n",
    "    \n",
    "    #复原状态 \n",
    "    originator.set_memento(caretaker.memento) \n",
    "    originator.show()"
   ]
  },
  {
   "cell_type": "code",
   "execution_count": null,
   "metadata": {},
   "outputs": [],
   "source": []
  }
 ],
 "metadata": {
  "kernelspec": {
   "display_name": "Python 3",
   "language": "python",
   "name": "python3"
  },
  "language_info": {
   "codemirror_mode": {
    "name": "ipython",
    "version": 3
   },
   "file_extension": ".py",
   "mimetype": "text/x-python",
   "name": "python",
   "nbconvert_exporter": "python",
```

```
  "pygments_lexer": "ipython3",
  "version": "3.7.0"
  },
  "toc": {
  "base_numbering": 1,
  "nav_menu": {},
  "number_sections": true,
  "sideBar": true,
  "skip_h1_title": false,
  "title_cell": "Table of Contents",
  "title_sidebar": "Contents",
  "toc_cell": false,
  "toc_position": {},
  "toc_section_display": true,
  "toc_window_display": false
  }
 },
 "nbformat": 4,
 "nbformat_minor": 2
}
```

3.6 迭代器模式

```
{
"cells": [
  {
  "cell_type": "code",
  "execution_count": 41,
  "metadata": {},
  "outputs": [
    {
    "name": "stdout",
    "output_type": "stream",
    "text": [
      "[1]\n",
      "[3]\n",
      "[5]\n",
      "[7]\n",
      "[9]\n"
    ]
```

```
        }
      ],
      "source": [
        "class data():\n",
        "    def __init__(self,num):\n",
        "        self.data_list = {}\n",
        "        self.add_data(num)\n",
        "        self.index = len(self.data_list)\n",
        "        \n",
        "    def add_data(self,num):\n",
        "        self.data_list[num] = [num]\n",
        "        self.index = len(self.data_list)\n",
        "        \n",
        "    def __iter__(self):\n",
        "        return self\n",
        "    \n",
        "    def __next__(self):\n",
        "        if self.index == 0:\n",
        "            raise StopIteration\n",
        "        self.index = self.index - 1\n",
        "        return self.data_list[list(self.data_list.keys())[self.in-
dex]]\n",
        "s = data(9)\n",
        "s.add_data(7)\n",
        "s.add_data(5)\n",
        "s.add_data(3)\n",
        "s.add_data(1)\n",
        "for i in s :\n",
        "    print(i)"
      ]
      },
      {
      "cell_type": "code",
      "execution_count": null,
      "metadata": {},
      "outputs": [],
      "source": []
      }
    ],
```

```
"metadata": {
  "kernelspec": {
  "display_name": "Python 3",
  "language": "python",
  "name": "python3"
  },
  "language_info": {
  "codemirror_mode": {
    "name": "ipython",
    "version": 3
  },
  "file_extension": ".py",
  "mimetype": "text/x-python",
  "name": "python",
  "nbconvert_exporter": "python",
  "pygments_lexer": "ipython3",
  "version": "3.7.0"
  },
  "toc": {
  "base_numbering": 1,
  "nav_menu": {},
  "number_sections": true,
  "sideBar": true,
  "skip_h1_title": false,
  "title_cell": "Table of Contents",
  "title_sidebar": "Contents",
  "toc_cell": false,
  "toc_position": {},
  "toc_section_display": true,
  "toc_window_display": false
  }
 },
 "nbformat": 4,
 "nbformat_minor": 2
 }
```

反侵权盗版声明

举报电话：（010）88254396；（010）88258888

传　　真：（010）88254397

E-mail：　dbqq@phei.com.cn

通信地址：北京市万寿路173信箱

　　　　　电子工业出版社总编办公室

邮　　编：100036